AF551058

Wölfe

Ein Portrait
von
Petra Ahne

NATURKUNDEN

Für meine Eltern

NATURKUNDEN № 27

herausgegeben von Judith Schalansky
bei Matthes & Seitz Berlin

Inhalt

Portraits

Du wirst dem Lande nicht mehr schaden

Ein Tier wird zum Verschwinden gebracht

Vielleicht liegt es an den Glasaugen, dunkelbraun mit großer schwarzer Pupille, jedenfalls erinnert das Tier in der Vitrine des Hoyerswerdaer Stadtmuseums stark an einen Hund. Einen Hund, der gleich loslaufen möchte, Stöckchen holen oder andere Hundedinge machen; die Ohren sind gespitzt, das Maul ist etwas geöffnet, der Schwanz leicht angehoben. Gespannte Erwartung, so sieht er aus.

Der Berliner Tierausstopfer, so hieß das früher, der 1904 aus Hoyerswerda einen toten Wolf geliefert bekam, wusste wahrscheinlich nicht, dass die Tiere meist bernsteinfarbene Augen haben, was dem Wolfsblick etwas Durchdringendes geben kann. Er hatte vielleicht schon Löwen und exotische Vögel auf seinem Tisch gehabt, die Taxidermie war damals ein beliebter Weg, das unschädlich gemachte Wilde zum Staunen heranzuholen, auch gern in den häuslichen Salon. Mit einem Wolf war er vermutlich noch nicht beauftragt worden, es gab ja kaum mehr welche. Dieses Exemplar, geschossen am 28. Februar 1904 in einem Wald in der Lausitz, war seit sechzig Jahren das erste in der Gegend. Deswegen hatte man sich vermutlich entschieden, den ›Tiger von Sabrodt‹ – ein Tiger war das Erste, was man vermutete, sogar ein entlaufenes Zirkustier schien wahrscheinlicher als ein Wolf – ausstopfen zu lassen.

Vier Jahre zuvor hatten Förster zum ersten Mal bemerkt, dass außer ihnen noch jemand in den Wäldern jagte, immer wieder fanden sie Reste gerissener Rehe. Der Tod des Wolfs in jenem schneereichen Winter war ein lang gewünschter Sieg.

Das ausgestopfte Tier wurde zuerst im Landratsamt gezeigt, seit 1937 steht es im Stadtmuseum. Rechts geht es zur Bronzezeit, links zu einer Küche aus den Zwanzigerjahren, dazwischen in einer Glasvitrine das Präparat, als wüsste man nicht richtig, wohin mit ihm. Es ist übrig geblieben, eine Trophäe aus einem Kampf, der schon damals längst gewonnen war. »Letzter Wolf der Lausitz« steht auf der Glashülle. Überall in Deutschland stehen solche ›letzten Wölfe‹, die meisten aus dem 19. Jahrhundert, als ihr Auftauchen bereits eine lokale Sensation bedeutete.

Heute zeigt der ausgestopfte Wolf von Hoyerswerda etwas anderes, aber das steht nicht dran an seiner Vitrine. Das spürt man, wenn man eine Weile vor ihm steht. Wer heute durch die Glasscheibe guckt, sieht nicht die »Bestie«, die endlich ihr »Schicksal ereilt«[1] hatte, wie das *Hoyerswerdaer Kreisblatt* 1904 schrieb. Sondern ein Exemplar einer Art, die erbittert verfolgt wurde, so sehr, dass sie nur in wenigen, unzugänglichen Gegenden der Erde überlebte.

Zuerst kehrten sie in die Zoos zurück. Da stand auch ich als Kind vor ihnen, im Münchner Tierpark, wo die Europäischen Grauwölfe ein großzügiges Gehege haben. Ein Wassergraben trennt es von den Besuchern, es standen aber nie besonders viele davor. Vielleicht, weil das kleine Waldstück so gewöhnlich wirkte, so vertraut. Während die Elefanten auf ihrer steppenartig kargen Außenfläche herumstanden wie riesige graue Steine und das betonierte Becken der Sattelrobben erst recht klarmachte, dass die glänzenden Körper, die da durchs Wasser schossen, eigentlich fürs Meer gemacht waren, sah das Wolfsgehege einfach aus wie ein Stück der nahe gelegenen Isarauen, das zufällig in den Zoo hineinragte.

Mich faszinierte genau das. Das war der Wald meiner Sonntagsspaziergänge, nur dass in ihm plötzlich der Wolf lebte. Auf den ersten Blick lag das Gehege meistens da wie leer; stand man länger davor, tauchten sie plötzlich auf: zwei, drei Wölfe, die in zielgerichtetem Trab am Wassergraben entlangliefen und ein paar Meter weiter hinten wieder zwischen den Bäumen verschwanden. Den Zaun, der das Gehege begrenzte, sah man nicht, und ich stellte mir vor, dass es ihn gar nicht gab, dass die Wölfe hier nur kurz vorbeischauten auf einem langen Marsch, dessen Ziel nur sie kannten.

Viele Jahre lang dachte ich nicht mehr an die Wölfe im Münchner Tierpark – bis sich Ende der Neunzigerjahre die ersten Meldungen verbreiteten, dass in Deutschland wieder Wölfe lebten. Ein Elternpaar und sein Nachwuchs hatten sich ziemlich genau da angesiedelt, wo der Stadtmuseumswolf erschossen worden war, in den Wäldern der Lausitz. Sie waren in eine andere Welt hineingeboren worden: eine, die sich entschieden hat, Tieren Rechte zuzugestehen, im Falle des Wolfs und anderer bedrohter Tierarten auch jenes, vom Menschen unbehelligt zu leben. Das Tier hat sich nicht geändert, der Mensch hat es. Es gibt die Natur da draußen, und es gibt die Natur in unseren Köpfen, und was *wir* aus ihr machen, sagt mehr über uns aus als über sie. Allerdings haben unsere Vorstellungen über die Natur ziemlich konkrete Auswirkungen auf die existierende. Zumindest theoretisch hat der Mensch begriffen, dass auch er nur überleben wird, wenn er mit dem Planeten und seinen

Bewohnern achtsamer umgeht als bisher. Damit der Wolf zurückkommen konnte, brauchte es nicht viel: Man musste ihn nur lassen.

Es ist ein neues, noch sehr kurzes Kapitel im Verhältnis von Mensch und Wolf – dieses Verhältnis bestand bis vor wenigen Jahren vor allem im Versuch, den Wolf zum Verschwinden zu bringen. Die Ausrottung ist auch weitgehend gelungen, im 19. Jahrhundert gab es in Europa so gut wie keine Wölfe mehr, in den USA war es in den Dreißigerjahren so weit.

So kam es zur Vollendung eines lang angelegten Projekts: Man kann eine beliebige Naturgeschichte des 16., 17., 18. oder 19. Jahrhunderts aufschlagen und stellt fest: Die Beseitigung des Wolfs und wie sie gelingen kann war Teil des Sprechens und Schreibens über ihn. Ihn als Mitgeschöpf zu akzeptieren schien, im westlich geprägten Kulturraum jedenfalls, lange Zeit buchstäblich undenkbar.

Für die Neuzeit hat Conrad Gesner den Ton gesetzt. Von dem Schweizer stammt die erste Monografie der Tierwelt. Mit seinem ab 1551 erschienenen *Thierbuch* wollte er, ganz ehrgeiziger Renaissancegelehrter, komplette Bibliotheken ersetzen, wie er im Vorwort schreibt. Es ist ihm sogar gelungen, sich einen Platz in der Wissenschaftsgeschichte zu sichern, heute gilt er als Begründer der modernen Zoologie. »Der Wolff ist ein rauberisches, schädliches und frässiges Thier, wird fast von allen anderen gehasset und geflohen«[2], beginnt seine Abhandlung über den Wolf, um bald dazu überzugehen, wie man dem lästigen Geschöpf den Garaus machen kann: »Wiewol der Wolff nit umsonst, und nit ohne gar keine Nutzbarkeit gefangen und getötet wird, so ist doch der Schad, den er bei seinem Leben

Wie erledigt man einen Wolf? Ein Vorschlag aus dem 15. Jahrhundert: Man lege Köder aus, die mit Nadeln präpariert sind.

Mensch und Vieh anthut, viel größer, weßwegen ihm, so bald man ihn spüret, ohne Verzug von Männiglichen nachgestellt wird, biß er entweder mit gewissen Instrumenten oder Gruben, Gift und Aas, oder mit Wolfsfallen, Angeln, Stricken, Garnen und Hunden, Geschoß und dergleichen gefangen und getödtet werde.«[3] Eine eindrucksvolle und ziemlich vollständige Auflistung von Versuchen, einem an Geschwindigkeit und Sinnesleistungen weit überlegenen Tier beizukommen – bis sich Schusswaffen durchsetzten und das Kräfteverhältnis endgültig umkehrten, musste der Mensch da erfinderisch sein.

Zu einem wahren Schlachtgemälde hat Peter Paul Rubens 1616 seine Wolfs- und Fuchsjagd *werden lassen. Zu der Zeit war die Wolfsverfolgung in Europa in vollem Gang.*

Beschäftigt man sich näher mit den verschiedenen Beseitigungsmethoden, die vom Mittelalter bis ins 19. Jahrhundert angewandt wurden, spürt man eine gewisse Verbissenheit, die ahnen lässt, dass es am Ende um mehr ging als um ein Tier, das dem Menschen gelegentlich in die Quere kam. Der Wolf war eine Obsession, der Aufwand, der ihn zur Strecke bringen sollte, nicht selten größer als der Erfolg. Mehrere Meter tiefe Gruben wurden gegraben, mit Ziegeln ausgekleidet, mit einem lebenden oder toten Tier als Köder befüllt und mit einem umklappbaren Strohdeckel versehen, der den Wolf in das Loch beförderte. Manchmal allerdings auch Menschen. Tierkadaver wurden ausgelegt und mit Gift präpariert, meist Strychnin, der hochwirksamen Substanz aus dem Samen der Brechnuss, die Sekunden nach dem Herunterschlucken zu einem erbärmlichen Tod führt. Eine weitere grausame Erfindung waren die Wolfsangeln, die, mit einem Köder versehen, an Bäumen aufgehängt wurden, damit sich der nach der Beute schnappende Wolf daran aufspießte. Wurden im Winter Spuren im Schnee entdeckt, holte man das Wolfszeug heraus, über 100 Meter lange Netze und Lappen, mit denen man versuchte, die Wölfe einzukesseln. Und es gab das ungeliebte Wolfslaufen, eine hoheitlich verordnete, oft mehrere Tage dauernde Jagd, bei der die meisten Bewohner eines Ortes mitmachen mussten.

Den über die Jahrhunderte gleichbleibenden Grund für die unerbittliche Verfolgung hat Conrad Gesner etwas gewunden, aber präzise beschrieben: weil, so kann man seine Argumentation zusammenfassen, der größte Nutzen des Wolfs nun mal in seinem Totsein besteht. Dann richtet er wenigstens keinen Schaden mehr an.

Jener »Schad an Mensch und Vieh« sitzt am Ursprung des Konflikts zwischen Mensch und Wolf. Er hat ihr Verhältnis verdüstert, seit der Mensch vor etwa 10 000 Jahren seine Beziehung zum Tier grundlegend verändert hat. Er begann, Schafe und Ziegen, Schweine und Rinder zu halten. Mit den Haustieren wurden Tiere sozusagen der Natur entnommen und in eine menschengemachte Ordnung überführt. Natur wurde zunehmend zu dem, was hinter den Gärten, Feldern und Weiden lag – und der Wolf zum Störfaktor, der, indem er Nutztiere riss, diese Grenze durchbrach.

Nur wo sich der wilde und der domestizierte, kultivierte Raum als sich ausschließende und zugleich bedingende Konzepte entwickelten, war der Hass auf den Wolf so absolut. In Jägergesellschaften wie jenen der Indianer Nordamerikas – deren Verhältnis zur Natur heute gern bemüht und romantisiert wird – war er zwar auch Konkurrent, aber einer mit dem gleichen Los: Um zu überleben, musste er Wildtiere erlegen. Auf einem Bild des Malers George Catlin, der das Leben der Indianer im Westen der USA vor der Ankunft der weißen Siedler festgehalten hat, nähern sich Indianer auf allen vieren einer Büffelherde, ihre Körper sind unter Wolfsfellen verborgen. Ein umgedrehtes Wolf-im-Schafspelz-Motiv: Bisons sind Wölfe unverdächtiger als Menschen. Wolfsangriffen können die großen Tiere nicht selten widerstehen, der Indianer im Wolfspelz konnte sich der Bisonherde darum auf geringe Distanz nähern. Es spricht Pragmatismus, aber auch Respekt daraus, sich die Erscheinungsform eines anderen Jägers anzueignen, um sich selbst den Jagderfolg zu sichern.

Eine Art Wolf im Schafspelz war den Bisons im Wilden Westen der Indianer im Wolfspelz. Vor Wölfen flohen sie nicht so schnell wie vor Menschen.

Vermutlich hätte seine Verfolgung allein den Wolf nicht bis zur Grenze der Ausrottung getrieben. Dies passierte, weil man ihm auch seinen Lebensraum nahm. Die Landschaften Mitteleuropas begannen im Mittelalter ihre heutige Form anzunehmen – Mengen an Wald wurden gerodet, der Boden zu Ackerland gemacht. Die Beseitigung des als feindlich empfundenen Waldes wurde als Fortschritt gesehen. Ein in England im 17. Jahrhundert erschienenes poetisches Lexikon nennt als Synonyme für Wald: schrecklich, düster, wild, verlassen, unbevölkert, von Bestien bewohnt.[4] Der einzig angenehme Grund, den es geben konnte, ihn zu betreten, schien in der Jagd zu bestehen, und die war den höheren Ständen vorbehalten. Wie tief der Wolf im Ansehen stand, sieht man daran, dass ihn, meistens jedenfalls, jeder töten durfte, bei anderen Tieren blieb dies ein Privileg des Adels.

Während aber andere dieser die Wälder bevölkernden ›Bestien‹ sich in die verbleibenden unwegsamen Regionen zurückzogen, passte sich der Wolf den veränderten Verhältnissen an. Für Bär und Luchs, die zwei anderen in Europa heimischen Spitzenprädatoren – also am oberen Ende der Nahrungskette stehenden Tiere –, die fast ausgerottet worden wären, läutete das Verschwinden der Wälder auch ihr eigenes ein. Der Wolf, den man in der Biologie darum ganz wertfrei einen Opportunisten nennt, bleibt dort, wo er genug Nahrung findet. Ausgerechnet das Tier, das wie kaum ein anderes für bedrohliche oder auch faszinierende Wildnis steht, kommt nämlich ganz gut ohne sie aus. Da es weniger Wälder und in den übriggebliebenen Wäldern weniger Wild gab, ernährten sich Wölfe vermehrt von Nutztieren – was den Hass auf sie verstärkte.

Zu Conrad Gesners Zeit, im 16. Jahrhundert, war die Wolfsverfolgung in ganz Europa in vollem Gang. Dass er den fehlenden Nutzen des Wolfes so betonte, entsprach ganz dem Geist der Zeit, der Tiere in essbar und nicht essbar, wild und zahm sowie nützlich und unnütz einteilte. Essbar war der Wolf nicht – sein Fleisch sei eine »dürre, böse und melancholische Speiß«[5], schrieb Gesner – zahm auch nicht und nützlich nur in Maßen, das *Thierbuch* erwähnt die aus heutiger Sicht bedenklich klingende Mixtur verschiedener Körperteile wie einen zu Pulver zerriebenen Wolfsdarm, der gegen Koliken helfe.

Zwar hatte sich die Renaissance vom frommen Symbolismus des Mittelalters gelöst – man entdeckte die Neugier auf die Natur an sich und wollte deren ureigene Eigenschaften erfassen –, doch blieb der Blick durch einen kräftigen Anthropozentrismus geprägt. In einer vom Menschen aus gedachten Welt war tatsächlich nicht viel zur Verteidigung des Wolfs vorzubringen.

Wann den Menschen wohl klar wurde, dass es ein unerbittlich verfolgtes Tier irgendwann wirklich nicht mehr geben könnte? Bei John Bulwer, einem Arzt und Naturphilosophen des 17. Jahrhunderts, wird der Gedanke zumindest ausgesprochen. Er fragt sich, »ob, wäre es dem Menschen möglich, er das Recht hätte, eine Spezies von Gottes Kreaturen zu zerstören, und wenn es nur die Spezies der Kröten und Spinnen wäre«[6], denn dies würde bedeuten, ein Glied aus Gottes Kette zu entfernen. Dieser Gedanke findet sich in einem der ungewöhnlichsten Bücher seiner Zeit: *Anthropometamorphosis,* so der Name des kuriosen Werkes, besteht vor allem aus Holzschnitten, auf denen zu sehen ist, welche Veränderungen Menschen verschiedener Völker an ihren Körpern vornehmen: Tätowierungen, Piercings, Narben. Bulwer schuf damit eine der ersten Studien in vergleichender Anthropologie. Ob sein originelles Denken so weit ging, sich die Ausrottung von Tieren vorstellen zu können, verrät seine vorsichtige Formulierung nicht. Aber ein theologisch fundiertes frühes Argument für den Erhalt der Artenvielfalt kann man durchaus herauslesen. Dieser moderne Gedanke wurde in einem Land zu Papier gebracht, in dem das von Bulwer Geahnte längst schon passiert war: Der Mensch hatte den Wolf ausgerottet. In England wurde das letzte Exemplar um 1500 getötet.

»Ein rauberisches, schädliches und frässiges Thier«: Bei diesem Exemplar zumindest glaubt man das gern.

Der Historiker Keith Thomas beschreibt eine ab dem 17. Jahrhundert wachsende Empfindsamkeit und Achtung Tieren gegenüber.[7] Diese wurde auch durch die wachsende Zahl von Haustieren befördert und gipfelte 1789 in Jeremy Benthams berühmter Forderung nach Tierrechten: »Die Frage ist nicht: Können sie denken? Oder, können sie reden? Sondern: Können sie leiden?«[8] Es war allerdings eine widersprüchliche Gefühlswelt, die da entstand: Insekten, Schädlinge und Raubtiere blieben von den neuen moralischen Bedenken weitgehend ausgeschlossen.

In diesem Sinne konnte noch dreihundert Jahre nach Conrad Gesner der Naturforscher Friedrich von Tschudi, der sich in der Tradition von »Vater Gesner« sah, den Wolf mit eindrucksvollem Furor abkanzeln. In seinem *Thierleben der Alpenwelt* schrieb er 1875: »In der Reihe der tierischen Individualitäten nimmt er eine tiefe Stufe ein; selbst unter den Raubthieren ist er eins der widerwärtigsten. Mit dem reißendsten wetteifert er an Heißhunger, der selbst dem schlechtesten Hasen gierig nachstellt, an Tücke, Perfidie, während er dabei keine Spur vom Edelmuth des Löwen, von der frischen Tapferkeit des Eisbärs, vom Humor des Landbärs, von der Anhänglichkeit des Hundes hat. Tölpischer als der Fuchs, dabei aber tückisch und höchst misstrauisch, ist er tollkühn ohne Schlauheit, in seinem ganzen Wesen ohne alle Schönheit und wohl überhaupt eine der hässlichsten Thiernaturen.«[9]

Es war eigentlich schon ein Nachruf: Aus den nördlichen Alpen war der Wolf um 1850 weitgehend verschwunden, ebenso wie aus den meisten Gebieten Europas. Während der nächsten hundertfünfzig Jahre streunten Wölfe dort nur noch in Bergregionen Italiens, Griechenlands und der Iberischen Halbinsel sowie in den Karpaten umher. Vom Aussterben bedroht war der Wolf nicht. Aber so gut wie weg.

Auf einem anderen Kontinent dauerte der Kampf noch an, und weil dort zu seinem Beginn Anfang des 17. Jahrhunderts Europäer und Wölfe wie in einer Versuchssituation plötzlich aufeinandergetroffen waren, ist er besonders aufschlussreich. In Nordamerika waren Wölfe Teil jenes scheinbar grenzenlosen und ungestalteten Landes, das auf die Nutzbarmachung durch die aus Europa übersetzenden Siedler nur zu warten schien. Schon aus den ersten Pilgerberichten spricht ein gewisses Unbehagen: Die vermeintliche Unberührtheit des Ortes, an dem die Neuankömmlinge ihren Traum von einem freien, gottgefälligen Leben entstehen lassen wollten wie ein Bild auf einer weißen Leinwand, konnte lästige Formen annehmen. Edward Johnson, einer der ersten Pilger, dessen Aufzeichnungen in trockenem Ton ein präzises Dokument der puritanischen Gefühlswelt bieten, träumte von der Verwandlung Neuenglands von »scheußlichem Dickicht«, in dem »Wölfe und Bären ihre Jungen aufziehen«, in »Straßen ... voll mit Mädchen und Jungen, die hinauf- und hinunterrennen«.[10] Das Wunschbild übermalte nicht eine leere Leinwand, sondern eine existierende Landschaft: Und die wurde abwehrend als bedrohliche Wildnis gedacht, die genauso bezwungen gehörte wie die sie bewohnenden Raubtiere – den Bären erging es in den USA im Übrigen nicht besser als den Wölfen.

Zu ersten Verlusten dürfte es auch bald gekommen sein: Das Vieh, der kostbare Import aus der Alten Welt, lief frei herum und befand sich so gewissermaßen auf dem Präsentierteller. Bald hatten die gelegentlich aus Europa anlandenden Schiffe auch Wolfsangeln und anderes Wolfstötungsgerät an Bord. Der Kampf wurde aufgenommen, und er sollte dreihundert Jahre lang mit nicht nachlassender Konsequenz geführt werden. Im 19. Jahrhundert, als die Eroberung des Landes Richtung Westen in den Prärien angekommen war, gewann er noch einmal an Härte. Wieder wurde der Wolf als Konkurrent empfunden, diesmal bei der Jagd auf Bisons, die in riesigen Herden durch die Grassteppen zogen und vor allem wegen des Leders geschossen wurden, das ihre Haut hergab. *Wolfers,* professionelle Wolfsjäger, waren nun für die Beseitigung der Wölfe zuständig, wobei sie zuweilen eine legendär gewordene Grausamkeit an den Tag legten. Fallen, die nach und nach Giftköder als Mittel der Wahl ersetzten, hielten die Tiere nur fest – um ihren Tod kümmerten sich die Trapper später selbst, Geschichten von hinter galoppierenden Pferden hergeschleiften, von auseinanderlaufenden Pferden zerrissenen und in Brand gesteckten Wölfen sind überliefert.

Interessant ist, dass sich das Los der europäischen Wölfe in Nordamerika in zweifacher Hinsicht wiederholte: Wie in Europa wollte man sich ihrer entledigen, und wie in Europa wurden sie über lange Zeit von einer sich verändernden Einstellung zur Natur ausgeklammert. Auf der Suche nach einer eigenen Identität der jungen Nation avancierte die üppige, überwältigende Natur in den USA im 18. Jahrhundert zur entscheidenden Zutat und zur Quelle von Selbstbewusstsein. Das konnte kuriose Züge annehmen: Ein Disput zwischen dem späteren US-Präsidenten Thomas Jefferson und dem französischen Naturforscher Georges-Louis Leclerc de Buffon über die Frage, welcher Kontinent die größeren Tiere hervorbringe, endete 1787 mit der Verschiffung eines geruchsintensiven und zunehmend unansehnlichen Elchkadavers nach Frankreich.[11] Mächtige, kraftvolle Tiere gehörten also zum Selbstbild der USA. Nicht aber der Wolf. Als im 19. Jahrhundert die ersten Nationalparks gegründet wurden, erstreckte sich der Schutz nicht auf alle Bewohner dieser Gebiete: Wölfe durften weiterhin geschossen werden.

Irgendwann gab es auch in den USA die letzten Wölfe. Wie in Deutschland reichen ihre Spuren bis in die Gegenwart. Nicht als Präparate in Vitrinen, als Persönlichkeiten. Die Amerikaner mit ihrem untrüglichen Gefühl dafür, wie eine Geschichte

Nur ein toter Wolf ist ein guter Wolf: So sah man es in den USA der Zwanzigerjahre.

noch besser wird, gaben den letzten Wölfen Namen: Old Lefty, Old Stubby, Three Toes, Lobo. Oft verletzt von Fallen, aus denen sie sich wieder befreien konnten, humpelten sie in den Zehner- und Zwanzigerjahren des vergangenen Jahrhunderts über die Prärien, bis sie schließlich doch ihr Ende fanden. So musste das sein bei Gesetzlosen des Wilden Westens, aber in die Genugtuung durfte sich auch Bewunderung mischen für die Zähigkeit und den Mut des Gegners.

Vielleicht war der Respekt, der aus den Namen sprach, schon der Vorbote eines neuen Denkens über den jahrhundertelangen Konkurrenten, der nun so gut wie besiegt war. Die Zeit schien gekommen für eine neue Erzählung über den Wolf. Doch die musste erst geschrieben werden.

Fürchte und fliehe den Wolf

Wie ein Tier böse wurde

Als Rotkäppchen zum Wein und dem Kuchen im Korb ein großes scharfes Messer legt, wird klar, dass sich das Märchen diesmal ein bisschen anders entwickeln könnte als gewohnt. Tatsächlich: Am Ende von Angela Carters Geschichte *Die Gesellschaft der Wölfe*[1] ist von der Großmutter nur ein Haufen Knochen übrig, der unter dem Bett mahnend klappert, während im Bett ein nacktes Rotkäppchen entspannt zwischen den Pfoten des Wolfs ruht. Keine Spur vom rettenden Jäger, der bei den Gebrüdern Grimm am Ende die Ordnung wieder herstellt – das Mädchen hat sich selbst gerettet, auf selbstbewusste und eigenwillige Weise. So sehr hat Angela Carters Rotkäppchen-Version nach ihrem Erscheinen Ende der Siebzigerjahre irritiert, dass einige Kritikerinnen ihr vorwarfen, die den Märchen und der Pornografie innewohnende Misogynie zu reproduzieren. Ein Rotkäppchen, das mit dem Wolf schläft, um nicht gefressen zu werden: Das war nur zu ertragen, wenn es schnell mit dem Sexismus-Etikett versehen wurde.

Man kann Angela Carters Kurzgeschichte auch anders lesen: als elegantes Spiel mit den Erwartungen der Leser, die die Geschichte vom unschuldigen Mädchen und dem bösen Wolf zu kennen glauben, und als Erinnerung daran, dass Märchen sich immer schon verändert haben. Carter holt nicht nur das Rotkäppchen der Brüder Grimm in die kleine, gut beheizte Hütte

Böser Wolf? Hilfloses Rotkäppchen? So einfach ist die Sache nicht immer. Diese beiden scheinen jedenfalls etwas im Schilde zu führen.

am Dorfrand, sondern auch seine fiktionalen Vorgängerinnen. Das brave Kind aus *Grimms Hausmärchen,* das nach einem folgenreichen Abstecher über die Wiese auf den Pfad von Tugend und Gehorsam zurückgeführt wird, ist nämlich die Nachfahrin einiger gewitzter Mädchen, die denkwürdige Bekanntschaft mit dem Wolf machten – und auch mit jenem verunsichernden Wesen, das ihn endgültig unheimlich werden ließ, wusste man doch nie, was man vor sich hatte: einen Wolf oder mehr, nämlich Wolf und ›Wer‹ – althochdeutsch für ›Mann‹ – zugleich; einen Werwolf also. Einem solchen ist das Kind sehr wahrscheinlich in den aus Frankreich stammenden mündlichen Überlieferungen des Märchens begegnet, die erst über die Zeit zur pädagogischen Handreichung zurechtgestutzt wurden.

Es ist vor allem das schlaue Mädchen dieser im Frankreich des 16. und 17. Jahrhunderts von Generation zu Generation weitererzählten Geschichte, das bei Angela Carter – auch bei ihr begegnet es einem Werwolf, der sich zunächst als schmucker Jäger präsentiert – Jahrhunderte später wiederaufersteht: Das frühe Rotkäppchen, das noch nicht so heißt, zieht sich im Haus der Großmutter aus und wirft seine Kleidung Stück für Stück ins Feuer, weil es sie, so der Werwolf, nicht mehr brauchen werde. Nackt steigt es zu ihm, der sich als Großmutter ausgibt, ins Bett und behauptet dann, auf die Toilette nach draußen gehen zu müssen. Die Schnur, die er vorsichtshalber um Rotkäppchens Fuß bindet, macht es an einem Baum fest und läuft davon. Dieses Mädchen weiß sich zu helfen; es hat die Lebenstüchtigkeit, die es braucht, um in der bäuerlichen Welt den Platz der älteren Generation einzunehmen – die im Fall der Großmutter in Form eines Stückes Fleisch und in eine Flasche abgefüllten Blutes vom Wolf bereits im Schrank verstaut wurde. Von beidem isst und trinkt das Mädchen unwissentlich, ein kannibalistischer Akt, der noch mal bekräftigt, dass die Enkelin an die Stelle der Großmutter tritt.[2]

Dieser Wolf ist noch ein Abgesandter der harten ländlichen Lebenswelt, aus der die mündliche Überlieferung kommt; einer Welt, in der Wölfe für Bauern eine reale Gefahr darstellten und Werwölfe fraglos als echte Bedrohung galten. Eine moralische Lektion soll dieser Wolf noch nicht erteilen, diese Aufgabe bekommt er erst bei den didaktisch ambitionierten Märchensammlern Charles Perrault und Jacob und Wilhelm Grimm.

Perrault, im 17. Jahrhundert Dichter am französischen Hof, hat die Geschichte wohl aus seiner eigenen Kindheit gekannt. Er schrieb sie auf, nicht ohne das Märchen zu einer Botschaft umzuformulieren, die dem damals entstehenden Bild vom Kind entgegenkam: ein formbares Wesen, das zu Gehorsam und Selbstkontrolle angeleitet werden musste. *Le petit chaperon rouge* nannte er sein Märchen, in dem sich das Mädchen zum Wolf legt, sich entkleidet – samt der roten Kappe, die erst Perrault ihm verpasst – und gefressen wird. Ende. Keine List, kein Entkommen, keine Rettung, nur die strenge Moral, dass ein Kind, das nicht auf die Eltern hört, bald ein totes Kind sein könnte.

Gut hundert Jahre später, Anfang des 19. Jahrhunderts, betrat der Wolf zum ersten Mal auch in Deutschland die Welt der Kindermärchen, in der er bis heute, durchaus imageschädigend, unterwegs ist. Die Gebrüder Grimm bereinigten Perraults Vorlage von den sexuellen Untertönen, versahen sie mit einem glücklichen Ende und machten aus Rotkäppchen endgültig ein hilfloses Kind, das die Folgen seines Abweichens vom rechten Weg eindrücklich zu spüren bekommt. Zunächst noch pflichtbewusst, lässt es sich vom Wolf auf die Wiese locken, läuft quer durch den Wald, selbstvergessen Blumen pflückend, während sich der Wolf die Großmutter einverleibt. In der Hütte wird dann auch das Rotkäppchen verschlungen, diesmal mitsamt Kleidung. Am Ende klettern Großmutter und Rotkäppchen besudelt aus dem Bauch des Wolfs, gerettet vom Jäger.

Nichts ist übrig von der Tatkraft und dem Erfindungsreichtum des Mädchens aus der mündlichen Überlieferung – die gab ihm erst viele Generationen später Angela Carter zurück. Indem es sich zum Komplizen jenes Wolfs macht, rettet Carters Rotkäppchen nicht nur sich, sondern ihn gleich mit. Das unerhörte Verhalten des Mädchens legt die Übereinkunft bloß, auf der seit Jahrhunderten die Geschichten vom bösen Wolf beruhten – und die den Wunsch, den realen Wolf loszuwerden, noch befeuerten: Er war dem Menschen ein unfreiwilliger Gehilfe bei dessen nie endendem, oft schmerzvollem Versuch, sich seiner selbst zu vergewissern, Ordnung zu schaffen in seiner Welt. Der Wolf stand für die andere, die dunkle Seite; er war dort, wo man nicht hinwill und nicht hindarf. Er musste herhalten, damit der Mensch eine Grenze ziehen konnte zwischen dem warmen Drinnen der Gesellschaft und einem feindlichen, bedrohlichen, nahtlos in eine unkontrollierbare, triebhafte Natur übergehenden Draußen.

Diese Dimension des Ungezähmten war umso unheimlicher, als sie sich bisweilen unerkannt ins Leben der Menschen schlich. »Fürchte den Wolf und meide ihn; denn – und das ist das Schlimmste von allem – ein Wolf kann mehr sein, als er

Kein Wolf greift hier an, sondern eine Hexe in Werwolfgestalt – so beschrieben von Hans Weiditz, 1517.

scheint«[3] – der Satz aus Angela Carters Erzählung fasst das Empfinden der Menschen in Europa seit dem späten Mittelalter vermutlich präzise zusammen. Es war der Werwolf, der den Wolf endgültig hinüberzog auf die Seite des Bösen, und man kann den Moment, an dem das geschah, ziemlich genau bestimmen: 1487 vollendete ein Dominikanermönch ein Werk, das er *Malleus maleficarum* nannte, auf Deutsch: *Hexenhammer*. Ein Meilenstein der Misogynie, den jeder Richter gekannt haben dürfte, der im 16. und 17. Jahrhundert das Urteil über vermeintliche Hexen sprach. In dem Buch, das zur juristischen Grundlage der Hexenprozesse wurde, konnte man sich ganz allgemein der Perfidie der Frauen vergewissern, aber auch konkret nachlesen, wie ›Malefica‹, Unholdinnen, Hagel und Stürme schicken oder Penisse wegzaubern. Aber auch der Frage, ob es möglich ist, dass sich Menschen in Tiere verwandeln – und also auch der Wolf mehr sein kann, als er scheint –, widmete es ein Kapitel.

In der Berliner Staatsbibliothek Unter den Linden gibt es eine frühe Ausgabe des *Malleus maleficarum,* die man sich aus den Tiefen des Archivs bringen lassen kann. Dick wie ein Ziegelstein, mit einem verwitterten harten Einband aus Leder und einem Metallverschluss liegt das Werk in einer maßgeschneiderten, leinenbezogenen Kiste wie Post aus einer anderen Zeit. Der Verschluss hakt erst ein bisschen und springt dann auf. Vielleicht war die Metallschnalle auch schon widerspenstig, als das Buch vor fünfhundert Jahren in einer Klosterbibliothek lag, wahrscheinlich bei den Augustiner-Eremiten in Erfurt, darauf lässt eine handschriftliche Notiz auf der ersten Seite schließen. Vielleicht sprang sie mit ähnlichem Schwung den Mönchen entgegen, die mit Tinte zarte Zeichnungen und Notizen am Rand der eng in rundgotischer Schrift gesetzten Seiten hinterließen. Einmal ist da die Skizze einer schwangeren Frau, deren Kind im Bauch schon Teufelshörner trägt. Vor allem aber sind da Hände, deren lange, ausgestreckte Zeigefinger auf einzelne Sätze und Abschnitte weisen wie die frühneuzeitliche Variante des Textmarkers.

Diese Spuren früherer Leser wirken wie eine kleine Tür in die Vergangenheit. Es ist, als ob sie, noch mehr als das Buch selbst, einen Bogen spannen von dem stillen Klosterraum, in dem das Werk zum Schutz vor Diebstahl an einer Kette hing – die Stelle, an der sie angebracht war, kann man noch sehen –, zu dem hell beleuchteten Rara-Lesesaal, wo im 21. Jahrhundert die ältesten und kostbarsten Schriften des Bibliotheksbestandes eingesehen werden dürfen. Vielleicht, weil sie der Beweis sind, dass schon mal jemand über das schwere Werk gebeugt saß, die festen Seiten umblätternd, eine ordentliche Notiz machend, wo etwas besonders merkenswert schien. Als ob die fernen Leser den Stift gerade erst abgesetzt hätten, hat man Teil an ihrem zugleich rührenden und fatalen Bemühen, Ordnung und Sinn in die Welt zu bringen. Fatal, weil die auf Lateinisch verfasste Schrift, die so intensiv studiert wurde, mit dafür sorgte, dass in Europa im 16. und 17. Jahrhundert Tausende Menschen unter Folter und auf dem Scheiterhaufen starben. Das Angst machende Chaos wurde durch Schuldzuweisungen in Schach gehalten. Kindstode, Morde, schlechte Ernten: Der Teufel war es und die Verbündeten, die er sich unter den Menschen gesucht hatte. Diese führten Böses im Schilde – als ›Malefica‹ oder, vor allem bei Männern, in Wolfsgestalt.

»Ob sich die Hexen an den Menschen zu schaffen machen und diese mit Blendwerk in Tiergestalt verwandeln?«[4] ist das Kapitel überschrieben, das sich diesem Thema widmet. Es folgen ausschweifende Erörterungen, schließlich stellt die Beweisführung eine Herausforderung dar. Es soll belegt werden, dass es Tierverwandlungen gibt, aber nicht an der Doktrin gerührt werden, dass nur Gott ein wahrer Schöpfer sei, nicht aber sein Widersacher, der Teufel.

Die umständlich herbeiargumentierte Lösung heißt: Sinnestäuschung. Der im Elsass geborene Dominikanermönch Heinrich Kramer, der Verfasser des *Hexenhammers,* war überzeugt, »daß der Teufel die Phantasie des Menschen täuschen kann, so daß ein wahrer Mensch als Tier erscheinen mag«.[5] Des Teufels Macht geht also nicht so weit, dass er aus einem Menschen ein

Tier machen kann; aber er kann dies alle Beteiligten glauben machen: seine menschlichen Handlanger ebenso wie zufällige Zeugen ihrer Taten.

Viele Verfasser von Dämonologien und Richter in Werwolfprozessen werden dieser Argumentation folgen, wobei es durchaus Verfechter einer tatsächlichen physischen Verwandlung gibt, wie sie viel später die Werwolffilme detailfreudig auskosten. Im 16. und 17. Jahrhundert, der Hochzeit der Hexen- und Werwolfprozesse, finden sich wortreiche Versuche, das schwer zu Glaubende glaubhaft zu machen. Der Richter Nicolas Rémy schrieb 1595: »Es ist nicht nur die äußere physische Form, die sich ändert, der Hexer ist auch mit allen Qualitäten und Eigenschaften des Tieres ausgestattet, in das er sich scheinbar verwandelt hat. Denn er erhält die Schnelligkeit des Fußes, körperliche Kraft, unbändige Wildheit, die Lust zu Heulen ... und andere tierische Eigenschaften, die menschliche Kraft und Fähigkeiten weit überschreiten ... So töten sie mit Leichtigkeit die größte Kuh im Feld und verschlingen ihr rohes Fleisch.«[6]

Ähnlich argumentiert Rémys Kollege Henri Boguet, einer der unerbittlichsten Werwolfsverfolger: »Es ist der Hexer selbst, der tötend herumläuft; nicht, dass er sich selbst in einen Wolf verwandelt hat, aber er glaubt, dass er es getan hat ... Und wenn irgendjemand fragt, mit welchen Werkzeugen die Hexen, wenn sie Wölfe zu sein scheinen, den Tod von denen, die sie umbringen, herbeiführen, werde ich sagen, dass sie für diesen Zweck nur allzu viele Behelfsmittel haben. Manchmal benutzen sie Messer und Schwerter, wie Perrenette Gandillon, die Benoist Bidel mit seinem eigenen Messer getötet hat ... Bei anderen Gelegenheiten schleifen sie ihre Opfer über Felsen und

Steine und bringen sie so um … ich zweifle auch nicht daran, dass sie sie oft erwürgen … Was den Rest betrifft, sagten Jacques Bocquet und Pierre Gandillon, dass sie, wenn sie Wölfe werden wollen, sich mit einer Salbe einrieben, die ihnen der Teufel gegeben hat.«[7]

Henri Boguet, Richter im französischen Burgund, vervollständigt seine Beweisführung durch Aussagen Angeklagter, die er selbst auf den Scheiterhaufen gebracht hat – das zeigt schon die Raffinesse dieses Gedankengebäudes, das infrage zu stellen ja erst recht hieß, sich schuldig zu machen. »Heresis est maxima opera maleficarum non credere«, steht im *Hexenhammer:* Die größte Ketzerei ist es, nicht an das Werk der Hexen zu glauben. Und spätestens unter Folter scheinen die meisten Angeklagten Geständnisse abgelegt zu haben. Der von Boguet erwähnte Jacques Bocquet stirbt 1598 »reuig und zerknirscht« auf dem Scheiterhaufen. Er war, wie aus den Prozessakten hervorgeht, ein Heiler und Bettler, der, als er in den Verdacht geriet, ein Hexer zu sein, nicht nur zugab, mit einem Zauberpulver Vieh getötet, außerdem Hagel hergestellt und damit Ernten zerstört zu haben, sondern eben auch zum ›loup garou‹, zum Werwolf, werden zu können. Eine Frau namens Perrenette Gandillon wurde wenig später beschuldigt, den 15-jährigen Benoist Bridel getötet zu haben, und zwar in Gestalt eines Wolfes ohne Schwanz, dessen Pfoten an der Unterseite wie Hände aussahen. Sie wurde zu Tode gesteinigt und ihr Bruder Pierre Gandillon auf seinem Hof festgenommen. Beim Verhör gibt er zu, in Wolfsgestalt mehrere Kinder aus Nachbarorten getötet und öfters am Hexensabbat teilgenommen zu haben, wo er, das machte man so, den in Bocksgestalt auftretenden Teufel auf

Wer so blutrünstig ist, um den ist es nicht schade, scheint das Bild des ›letzten britischen Wolfs‹ zu sagen, das einen Band von 1903 illustriert.

sein Hinterteil geküsst und von ihm eine Salbe und Wolfshäute für künftige Verwandlungen bekommen habe. Gandillon wird auf dem Marktplatz verbrannt.[8]

Drei Bewohner eines in den Bergen des Jura gelegenen Dorfes, die vor gut vierhundert Jahren sterben mussten, weil ihnen ein ungeheuerlicher Vorwurf gemacht wurde. Drei von Hunderten Fällen, überliefert in Prozessakten, die beim Leser des 21. Jahrhunderts leichten Schwindel auslösen können: Man sucht nach Lücken in dem nahtlos ineinandergreifenden Gewebe aus Anschuldigungen und Geständnissen, hinter denen die Wahrheit aufblitzen könnte: Was ist damals wirklich passiert? Wer wurde getötet und von wem? Und was haben echte Wölfe mit all dem zu tun?

Liest man wissenschaftliche Arbeiten, die sich mit diesen und den berühmteren Fällen – etwa dem des aus Bedburg bei Köln stammenden Peter Stubbe, dessen grausame Morde in Wolfsgestalt per Pamphlet in ganz Europa bekannt gemacht wurden – beschäftigt haben, bekommt man den Eindruck, dass sich auch die Werwolfforschung hier nicht ganz leichttut.

Sicher ist, dass von Werwölfen nur dort berichtet wurde, wo es auch Wölfe gab, in Frankreich, Deutschland, der Schweiz. Aus England, wo der Wolf schon im 16. Jahrhundert ausgerottet war, sind auch fast keine Werwolfssichtungen überliefert.

Sicher ist aber auch, dass das Verhalten der Mann-Wölfe nicht so richtig zu echten Wölfen passt. Sie greifen sehr selten Menschen an – es sei denn, sie sind tollwütig. Tollwut, diese bis heute meist tödlich verlaufende, von Tier zu Mensch übertragbare Krankheit, brach im Europa des 16. Jahrhunderts immer wieder aus. Die betroffenen Tiere zeigen Unruhe und Furchtlosigkeit, sie nähern sich Menschen und beißen. Möglich also, dass tollwütige Wölfe den Glauben an vom Teufel besessene Werwölfe untermauert haben, und möglich, dass einige der Beschuldigten die tödliche Krankheit hatten, zu deren Symptomen Hyperaktivität, Halluzinationen und, im qualvollen Delirium, dem Wolfsgeheul ähnliche Laute und Attacken auf andere Menschen gehören können.

Es gibt noch andere Versuche, für die Werwolfsfälle eine solide medizinische Erklärung zu finden: eine unheimliche Krankheit namens Porphyrie, die die Betroffenen unter anderem extrem lichtempfindlich macht, die Zähne rötlich-braun färbt und durch das sich auflösende Zahnfleisch größer erscheinen lässt; psychoaktive Substanzen, die das Gefühl erzeugen, ein Fell zu tragen und sich in einen Wolf zu verwandeln – was zum Beispiel von der Einnahme von LSD berichtet wurde –; oder auch Schizophrenie und andere Veränderungen des Gehirns.[9]

Vereinzelt mögen solche Fälle am Ursprung der furchterregenderen Werwolfsvisionen gestanden haben, die große Zahl der Anklagen erklären sie nicht.

Aufschlussreicher scheint da doch eher der Hinweis darauf zu sein, dass es sich bei denen, die ihrer zweiten Existenz als Werwolf überführt wurden, zumeist nicht um anerkannte Bürger der jeweiligen Gemeinde handelte. Oft waren es Einsiedler, Heiler, Zugezogene, ärmste Bauern wie der erwähnte Pierre Gandillon, über den Richter Boguet sagte, bei seiner Verhaftung auf seinem Hof sei er »so entstellt« gewesen, »dass er gar keine Ähnlichkeit mit einem Menschen mehr hatte«.[10] Als weiterer Beweis, dass man den Richtigen beschuldigte, galten möglicherweise einfach Spuren harter körperlicher Arbeit. Es waren

Menschen, die ohnehin am Rand der dörflichen Gemeinschaft lebten, nun war die Gelegenheit, sie ganz loszuwerden. Eine reinigende Maßnahme: Indem man schwer zu ertragende Seiten des menschlichen Zusammenlebens, Niedertracht, Rachsucht, gelegentliche Mordlust, dem sowieso gehassten Wolf zuschrieb, ersparte man sich die bange Frage, wie sehr der Mensch selbst möglicherweise noch triebhafte Natur ist.

Werwolfprozesse waren ein raffinierter Weg, sich der Bedrohung der christlichen Gemeinschaft und Moral zu entledigen und diese im selben Moment wieder zu beschwören – denn jeder entlarvte Werwolf bestätigte ja, dass der Teufel weiter am Werk war.

Indem sie den Wolf beziehungsweise den Werwolf zum Gehilfen dessen machte, der das Böse in die Welt brachte, bediente sich die katholische Kirche lange gebrauchter Bilder und Erzählungen. Nicht nur wurde die alte Idee der Tierverwandlung vereinnahmt, der Wolf war auch ein guter Bekannter aus der Bibel: Dort vervollständigt er das zentrale Bild der christlichen Ideengeschichte, das vom Hirten und seinen Schafen, seit jeher als Störenfried. Erst mit dem düsteren Wolf als Gegenpol entfaltet das Schaf so ganz seine Aura als folgebereites, wehrloses Wesen – und Jesus kann als lenkender Hirte die gläubige Christengemeinschaft vor der sie bedrohenden Macht schützen. Wenn er nicht mehr da ist, wird die Gemeinde, das sagt Jesus voraus, empfänglich für die Botschaften falscher Propheten: »Denn das weiß ich, dass nach meinem Abschied reißende Wölfe zu euch kommen werden, die die Herde nicht verschonen werden.«[11] In der Bergpredigt ist der Wolf nicht mehr nur ein Raubtier, das tut, was es tun muss, er wird hinterhältig: »Seht

Der Wolf im Schafspelz, *seiner gerechten Strafe zugeführt, in einem Holzschnitt von Francis Barlow (1687).*

euch vor vor den falschen Propheten, die in Schafskleidern zu euch kommen, inwendig aber sind sie reißende Wölfe.«[12] Hier klingt das verunsichernde Verwandlungsmotiv an, das immer wieder auftaucht, wenn sich der Mensch gedanklich des Wolfs bemächtigt: Schaf oder Wolf im Schafspelz? Mensch oder Werwolf? Ist das Raubtierhafte, Ungewollte noch draußen, wo es hingehört, oder hat es sich schon unbemerkt unter die Menschen gemischt?

Schon lange bevor die Kirche den Werwolf in ihr Schauerarsenal aufnahm und den allegorischen Einbruch in die christliche Herde zu einem buchstäblichen werden ließ, war die Verwandlungsidee ein Weg, Grenzüberschreitungen im menschlichen Verhalten zu definieren. Andere Kulturen hatten andere Wer-Kreaturen, die animalische Komponente lieferte oft das am meisten gefürchtete Tier. In Europa war es der Wolf, der wie kein anderer Jäger die Wege des Menschen kreuzte. Ein Wolf gewordener Mensch findet sich schon in der berühmtesten Sammlung von Verwandlungsgeschichten, in Ovids *Metamorphosen*. Lycaon, der König Arkadiens, serviert Zeus bei dessen Besuch Menschenfleisch, empört lässt ihn Zeus zum Wolf werden:

Als er, voll Schrecken entfliehend, die schweigenden Felder erreicht hat,
Heult er hinaus und versucht vergeblich zu reden; im Maule
Sammelt die frühere Wut sich, und seine gewöhnliche Mordgier
Richtet sich jetzt gegen Schafe: er freut sich noch immer am Blute.
Zotteln werden die Kleider und Schenkel die Arme: ein Wolf ist
Jetzt er geworden, und dennoch bewahrt er die früheren Züge;
Noch ist er grau, von Gewalttat kündet die Miene wie vorher,
Ebenso glühen die Augen: er bleibt ein Bildnis der Wildheit.[13]

Die Verwandlung erscheint quasi nachgereicht zum ohnehin schon wölfischen Charakter: Lycaon, der auch in der lateinischen Bezeichnung des Timberwolfs, *Canis lupus lycaon,* auftaucht, bekommt die äußere Form, die zu seinem Verhalten, seiner Mordlust und Aggression, zu passen scheint. Sie ist also sehr alt, die Tendenz des Menschen, einem Tier, das zum Überleben nun mal tötet, Eigenschaften unterzuschieben, die es gar nicht hat, und damit die beunruhigende Welt menschlichen Verhaltens etwas überschaubarer zu machen.

Dass man Zeus nicht verärgern sollte, lernt Lycaon, der König Arkadiens, auf eindrückliche Weise: Er wird in einen Wolf verwandelt.

Die Menschengesellschaft braucht solche hybriden Geschöpfe an ihren Rändern, schreiben die Literaturwissenschaftler Joseph Vogl und Ethel Matala de Mazza, weil sie dem »homogenen Kollektivkörper die Spiegelbilder seines verworfenen sozialen Selbst« liefern.[14] Die Mischwesen finden sich im nordeuropäischen Raum schon in der Rechtsprechung des frühen Mittelalters, wo kriminell gewordene, aus der Gemeinschaft ausgestoßene Menschen, ›vargr‹, Wolf, genannt wurden. In das Draußen verbannt, das sie mit den Tieren der Wildnis bewohnten, schärften sie die Grenze zum gesellschaftlichen Raum – die wiederum ein paar Jahrhunderte zuvor Horden wie die Berserker in umgekehrter Richtung durchbrochen hatten. Diese Kriegerbünde, deren sprichwörtlicher Furor bis heute in unserer Sprache überlebt, muss man sich wohl tatsächlich vorstellen als entfesselte Männergruppen, die sich mordend und raubend außerhalb jeder Rechtsordnung bewegten. Die dafür nötige Zügellosigkeit erreichten diese und andere Meuten durch das Umlegen eines Bären- oder Wolfsfells: Äußerlich zum Raubtier geworden hielt sie nichts mehr davon ab, sich auch wie eines zu verhalten.[15]

Das Selbstverständnis einer außerhalb der Ordnung, einem Wolfsrudel gleich in kleinen Gruppen operierenden kriegerischen Bande fand sich sehr viel später noch einmal bei einer paramilitärischen Organisation namens Werwolf. 1944 von Heinrich Himmler ins Leben gerufen, sollte die »Widerstandsbewegung in den deutschen Grenzgebieten« durch einen Guerillakampf das Vorrücken der Alliierten bremsen. Wenig später erklärte Joseph Goebbels den Kampf jedes Deutschen bis zur »Selbstvernichtung« zur neuen Werwolf-Prämisse. »Hass ist unser Gebet und Rache unser Feldgeschrei«, beschwor Goebbels im März 1945 vermeintlich wölfische Qualitäten. »Der Werwolf hält selbst Gericht und entscheidet über Leben und Tod.«[16]

In dieser Zeit bekam der echte Wolf in anderen Ländern aber auch zum ersten Mal die Chance, selbst Kontur anzunehmen und nicht nur dem Menschen zu helfen, die seine zu schärfen. Was lange auf sich hatte warten lassen, passierte nun: Der Wolf wurde Gegenstand wissenschaftlicher Feldforschung.

Wölfe greifen aus dem Hinterhalt an, so stellte es sich dieser Zeichner 1901 vor. Stimmt aber nicht.

Mit Anfa im Garten

Der Wolf und die Wissenschaft

Es muss sehr still gewesen sein, als der Hundeschlitten, der ihn hergebracht hatte, sich auf den Rückweg gemacht hatte und Adolph Murie allein war, mitten in Alaska, im bergigen Mount McKinley Nationalpark. Am ersten Tag sah er wilde weiße Schafe vor einem hellblauen Frühlingshimmel und fand am Boden, auf dem noch Schnee lag, etwas, das er für eine Wolfslosung hielt. Irgendwo mussten sie sein. Es war April 1939, und der junge Zoologe war von der Nationalparkverwaltung an einen der wenigen Orte in den USA geschickt worden, an denen es überhaupt noch Wölfe gab. In letzter Zeit schienen sie sich im Nationalpark vermehrt zu haben, und er sollte herausfinden, was das für die dort lebenden wilden Schafe hieß: Wurden sie weniger? Sollte man die Zahl der Wölfe wieder dezimieren?

Während Murie, mit Fernglas, Skiern und einer zusammenrollbaren Matratze ausgerüstet, den Tieren nachstellte und dabei, wie er später notierte, allein im ersten halben Jahr 1700 Meilen zurücklegte, führte ein anderer junger Zoologe in Basel seine Studien an Wölfen fort, ohne sich dabei nennenswert von der Stelle bewegen zu müssen. Die Tiere, die Rudolf Schenkel seit ein paar Jahren beobachtete, waren überaus überschaubar in einem 200 Quadratmeter großen Gehege untergebracht.

Beide, der Amerikaner Adolph Murie und der Schweizer Rudolf Schenkel, sind als Pioniere in die noch junge Geschichte der Wolfsforschung eingegangen: Sie waren, jeder auf seine

Weise, die Ersten, die sich den Tieren systematisch widmeten; mit ihnen nahm das bis heute andauernde Projekt seinen Anfang, den Wolf aus dem Dickicht von Vorurteilen, Aberglauben und Nichtwissen zu befreien, das sich so verhängnisvoll um ihn gelegt hat.

Dass dahinter gleich der Wolf an sich wartet, ist allerdings auch ein Irrtum. Die Beziehung von Wolf und Wissenschaft ist auch deswegen so aufschlussreich, weil sie besonders anschaulich zeigt, was passiert, wenn der Mensch – auch der forschende – Natur betrachtet: Er sieht immer auch sich selbst und seine Art, die Welt zu deuten. Was das Tier tut, kann er nur mit seinem Erfahrungshorizont abgleichen und in Kategorien interpretieren, die sein menschlicher Blickwinkel erst hervorgebracht hat. Das Werkzeug ist also von vornherein limitiert, aber auch das einzig verfügbare: Ohne Deutung, ohne ein In-Bezug-Setzen bleibt das Beobachtete Faktensammlung – mit seiner Interpretation ist der Versuch, das Tier an sich freizulegen, jedoch genaugenommen schon gescheitert. In dem Moment, in dem wir es erklären, erschaffen wir es sozusagen erst.

Man könnte also sagen, dass der vermenschlichende Blick, den die frühen Naturkundler so unbekümmert auf den Rest der Welt richteten, ein Stück weit unausweichlich ist. Und letztlich beruht die ebenfalls noch junge Disziplin der Verhaltensforschung, die den biologischen Zweck der Verhaltensweisen von Tieren zu entschlüsseln versucht, auf der Überzeugung, dass allem Leben ähnliche Mechanismen zugrunde liegen. Aber auch wenn das so ist – wie weit darf und muss man gehen in der Deutung des Gesehenen?

»Hunger, Ernst, Wut und ähnliches kann jeder nur bei sich

selbst erleben. Beim anderen Subjekt, zumal, wenn es von anderer Art ist, kann man über entsprechende subjektive Zustände nur Vermutungen äußern«[1], betonte der Verhaltensforscher Nikolaas Tinbergen, der 1973 gemeinsam mit Konrad Lorenz und Karl von Frisch den Medizinnobelpreis für die Pionierarbeit der drei in der Ethologie bekam. Und doch sind gerade solchen entschlossen formulierten Vermutungen wichtige Erkenntnisse zu verdanken. Konrad Lorenz etwa war da sehr beherzt und wurde berühmt für seine Überzeugung, tierisches Verhalten intuitiv erfassen zu können.

Je mehr den Menschen das Beobachtete an sich selbst erinnert, desto größer ist die Verlockung, es auch in diesem Sinne zu interpretieren – was die Geschichte der Wolfsforschung plastisch illustriert. Der Wolf beeindruckt nämlich, seit er in den Fokus der Wissenschaft geriet, mit einem Verhalten, das den Vergleich mit dem Menschen geradezu herauszufordern scheint: Er hat sich als äußerst soziales Tier herausgestellt und ist von Geburt an Teil eines vor allem familiären Miteinanders, das durch komplexe Kommunikation geregelt wird.

Beide, der durch die Berge Alaskas stapfende Murie und der die eingesperrten Wölfe beobachtende Schenkel, beschäftigten sich mit diesem differenzierten Sozialverhalten.

Seine Deutung durch Schenkel ist bis heute populär – und doch Teil des Siegeszugs eines Irrtums, der den Wolf einmal mehr zu einer falschen Projektionsfläche werden ließ. Hier hat der Alpha-Wolf seinen Ursprung: der die Ordnung wahrende, sich zugleich in ständigen Machtkämpfen seiner Position vergewissernde Rudelführer. Ein, wie man inzwischen weiß, nicht richtiges, aber sich hartnäckig behauptendes Bild.

Timberwölfe und Kojoten: *Die nahen Verwandten sehen sich nicht nur ähnlich, sie paaren sich auch manchmal.*

Zuerst jedoch, im Jahr 1944, veröffentlichte Adolph Murie seine Studie. Ein Werk von – zumal für einen vom US-Innenministerium herausgegebenen Bericht – überraschender Erzählfreude und interpretatorischer Kühnheit. Das Wolfsrudel wird zur Großfamilie mit eher traditioneller Rollenverteilung. Es gibt den Vater, der, schreibt Murie, »ernster als die anderen schien, aber vielleicht habe ich mir das nur eingebildet, da ich ja wusste, dass ein Großteil der Verantwortung für die Familie auf seinen Schultern ruhte«.[2] Es gibt die Mutter, die, nach wochenlangem Verharren mit dem Nachwuchs in der Höhle, diese zum ersten Mal verlässt und »losrannte, als ob sie bester Laune sei, froh, mit den anderen auf Expedition zu gehen«.

Die Möglichkeit, ein Rudel und heranwachsende Welpen zu beobachten, verdankte Murie einem Glücksfall: Im zweiten Frühling, den er in der Abgeschiedenheit des Nationalparks verbrachte, führten ihn Spuren im Schnee zu einer Höhle, in der eine Wölfin ihre Jungen zur Welt gebracht hatte. Er postierte sich in der Nähe und gewann in den insgesamt 195 Stunden, die er, wie er notierte, die Wölfe beobachtete, vermutlich nie da gewesene Einblicke in deren Sozialverhalten. Er erkannte richtig, dass im Frühling und Sommer die Welpen zum sozialen Zentrum des Rudels werden, und protokollierte überrascht, dass sich fünf bis sieben erwachsene Wölfe regelmäßig in der Nähe der Höhle aufhielten und den Welpen und der Mutter Futter brachten. Der Verwandtschaftsgrad zwischen diesen erwachsenen Wölfen gab ihm Rätsel auf.

Inzwischen weiß man, dass ein Rudel meistens aus einem Elternpaar und dessen Nachwuchs der letzten ein bis drei Jahre besteht. Meist verlassen die Jungen nach zwei Jahren die Eltern und machen sich selbst auf die Suche nach einem Partner und einem eigenen Revier. Im Durchschnitt neun bis zwölf Tiere bilden ein Rudel. Es gibt nur einen Wurf im Jahr, um den kümmert sich zunächst die Mutter, später, wenn die blind geborenen jungen Wölfe die Höhle verlassen, tun dies auch die anderen erwachsenen Tiere. Sich kümmern, das heißt spielen, aber auch Nahrung bringen: Leckt ein Jungtier an der Schnauze eines vom Jagen zurückkehrenden Wolfs, würgt dieser einen Teil der gefressenen Beute wieder hervor.

Auch sein eigentliches Thema, das Verhältnis von Raubtier und Beute, hat Murie akribisch verfolgt und dafür, wie er vermerkte, 1174 Proben Wolfskot analysiert – eine Methode, die in

Deutschland gerade wieder angewandt wird, um herauszufinden, was der ins Land zurückgekehrte Wolf frisst und wo auf dem Speiseplan die Nutztiere stehen (die Antwort ist: ziemlich weit unten). Er fand darin vor allem Haare von Schafen und Karibu-Rentieren. Murie untersuchte auch die Schädel der getöteten Tiere und kam zu dem Schluss, dass Wölfe vor allem ältere und damit schwächere Tiere als Beute wählen – eine Annahme, die sich bis heute im Wesentlichen bestätigt hat. Einige Zeit nach der Publikation von Muries Studie beendete der Nationalpark sein ›Raubtier-Ausrottungsprogramm‹. Der erste Versuch, zum wahren Wolf vorzudringen, hatte also gleich einen beträchtlichen Effekt: Er genoss in den USA von da an zumindest einen gewissen Schutz.

Viele von Muries Beobachtungen haben, trotz seiner fröhlichen Vermenschlichung, bis heute Gültigkeit und werden in der Fachliteratur immer noch zitiert. Was die soziale Struktur eines Wolfsrudels betrifft, hat sich allerdings zunächst eine falsche Deutung durchgesetzt.

1946 gab Rudolf Schenkel seine Dissertation im Fach Zoologie ab, von der Publikation seines amerikanischen Kollegen wusste er wohl nichts. *Ausdrucks-Studien an Wölfen* hieß die Arbeit, *Gefangenschafts-Beobachtungen* der lakonische Untertitel. Mehrere Jahre hatte Schenkel die bis zu zehn Wölfe im Gehege beobachtet und ihre Körpersprache analysiert. Das Ergebnis: Das Leben im Rudel ist ein ständiges Ringen um die Position in der Gruppe. Unter weiblichen wie männlichen Tieren gibt es eine Rangordnung, Ziel ist es, darin möglichst weit nach oben zu klettern. Unter Kontrolle gehalten wird die Gruppe vom in der Hierarchie am höchsten stehenden Männchen, an dessen Seite die unter den weiblichen Tieren ranghöchste Wölfin steht. Dieses Alpha-Paar hat sich mit dem Erklimmen der sozialen Spitze auch das ›Sexualrecht‹ verdient, nur diese beiden zeugen Nachwuchs.

Die körperlichen Signale, die dieses Miteinander regeln, hat Schenkel mithilfe von Zeichnungen katalogisiert: vom vor Spannung zitternden hochgestellten Schwanz, den gesträubten Rückenhaaren, den nach vorn gestellten Ohren und dem Zähnefletschen des ranghöheren Wolfs bis zum gekrümmten Rücken, den angelegten Ohren und dem eingezogenen Schwanz des sich unterwerfenden Tiers.

Der Alpha-Wolf war in der Welt – und er machte Karriere. Die nächste Generation von Wolfsforschern, die ersten Wissenschaftler, die sich ganz dem Wolf widmeten, hat das so plausibel scheinende Modell übernommen.

Die Geschichte der Wolfsforschung ist auch die Geschichte einer überschaubaren Zahl von Männern – es sind meistens Männer –, die ihr Leben diesem einen Tier verschrieben haben. Sie verbringen Monate in den kalten Weiten Kanadas oder Alaskas, wo es noch viele Wölfe gibt, oder lassen sich, wie in Deutschland der legendäre Erik Zimen, von den von ihnen aufgezogenen heranwachsenden Jungwölfen die Wohnzimmereinrichtung zerbeißen. Es ist ein Forscherleben, das existenzielle Erfahrungen und eine Portion Heroismus verspricht, und wer es wählt, muss im Wolf mehr sehen, als sich mit Wissenschaft erfassen lässt. Ob sich die Idee vom Leitwolf auch deswegen so lange gehalten hat, weil sie reichlich Identifikationsmöglichkeit für ein viriles Selbstbild bietet?

Klare Kommunikation über Schwanz- und Körperhaltung: ein imponierender (a), drohender (b), nicht sehr sicher drohender und erregter (c), schwach drohender (d), ängstlicher (e) und sich passiv unterwerfender (f) Wolf.

Es dauerte jedenfalls fast fünfzig Jahre, bis die Wissenschaft die These von Dominanz und Unterwerfung im Rudel stark relativierte. Zweifel wurden immer wieder laut, doch erst 1999 veröffentlichte der Amerikaner David Mech, Jahrgang 1937 und immer noch unangefochtene Autorität in Sachen Wolfs-

Erik Zimens Ausdrucksmodell. Entspannt ist nur der Wolf unten links. Von dort nach oben links: zunehmende Angst. Von unten links nach unten rechts: zunehmende Aggression.

forschung, in einem Fachjournal einen Artikel, in dem er dafür plädierte, die Bezeichnung ›Alpha-Tier‹ nicht mehr zu verwenden.[3] In einem natürlichen Rudel seien die tonangebenden Tiere nämlich schlicht die Eltern – und die seien den Jungen gegenüber nun mal dominant.

Inzwischen wusste man, dass ein Rudel meist aus einer erweiterten Familie besteht, und nicht, wie lange angenommen, aus Tieren, die nichts miteinander zu tun haben, außer sich vorübergehend zur effektiveren Jagd zusammenzuschließen. Die Situation im Basler Gehege und in anderen, in denen mit Wölfen geforscht wird, war also nicht nur wegen des die Tiere umgebenden Zauns unnatürlich.

Dass es bei den willkürlich zusammengesteckten Tieren zu einer ausgeprägten Dominanzhierarchie komme, sei nicht überraschend, fand Mech. In natürlichen Rudeln wie denen, die er viele Jahre lang im Nordwesten Kanadas beobachtete, gehe es aber viel friedlicher zu als von Schenkel und anderen nach ihm beschrieben. Dominanz werde vor allem ausgeübt, wenn es um die Zuteilung der Beute geht. Vor allem gehe es darum, den Welpen Zugang zu Nahrung zu sichern.

Der Alpha-Wolf ist aus der neueren Wissenschaft inzwischen weitgehend verschwunden. Aus der kollektiven Fantasie noch nicht – zu einprägsam ist das Bild vom machtbewussten, die Konkurrenten wegbeißenden Anführer, und zu schön scheint es menschliche Vorstellungen von Führungspersönlichkeit gewissermaßen biologistisch zu unterfüttern.

Nicht Schenkels *Gefangenschafts-Beobachtungen* waren also falsch, sondern die quasi-politische Deutung auch wildlebender Rudel als hierarchisch geordnete Gemeinschaft. Das Problem jeder Beobachtung von Tieren in Gefangenschaft ist, dass der Mensch die Bedingungen geschaffen hat, unter denen sie leben – und damit möglicherweise schon ihr Verhalten beeinflusst. Weil wildlebende Wölfe aber schwer zu beobachten sind – es gibt nicht mehr viele, sie sind scheu und ihre Reviere riesig –, wird nach wie vor oft an handaufgezogenen Tieren geforscht.

In Deutschland brachte es der schon erwähnte Erik Zimen damit zu Berühmtheit. Er näherte sich den Tieren ganz in der Tradition seines Vorbilds und Lehrers Konrad Lorenz. Fotos zeigen Zimen inmitten seiner Wölfe, das Kinn nach oben gereckt, die Augen geschlossen, den Mund gespitzt, die ihn umgebenden Tiere in gleicher Haltung – das Rudel heult gemeinsam. War Lorenz der Gänsevater, der frischgeschlüpfte Graugansküken auf sich prägte und damit zum Muttterersatz wurde, so war Zimen der Wolfsvater. Er kroch in Zoos in die engen Wurfhöhlen von Wölfen, griff sich die noch blinden Welpen und zog sie mit der Flasche auf. Seine Aufzeichnungen lesen sich wie Anekdoten aus einem turbulenten Familienleben: »In unserem Wohnzimmer herrschten bald wieder chaotische Verhältnisse und Dagmar war entsprechender Laune.«[4] 1978 war das, als wieder vier junge Wölfe bei Zimen und seiner Frau eingezogen waren.

Die erwachsenen Tiere lebten dann in einem Gehege; entsprechend Lorenz' Überzeugung, dass nur wer von Gänsen als Gans akzeptiert wird, sozusagen zum Kern des Gans-Seins vordringen kann, betrachtete Zimen sich als Teil dieses Rudels. Wenn er in den Achtzigerjahren im Bayerischen Wald abends vom Gehege der Wölfe zu seinem fünf Kilometer entfernten Haus ritt, heulten die Wölfe oftmals, und er antwortete. Als es ihm einmal nur knapp gelang, den Angriff eines seiner Wölfe auf ihn zu verhindern, stolzierte er anschließend durch das Gehege, Imponiergehabe imitierend.

Er war sich der Probleme bewusst, die seine Methode bergen kann, schon wegen der großen emotionalen Nähe zum

Forschungsobjekt. Doch er war gleichzeitig überzeugt, dass sich viele Verhaltensweisen nicht ändern, egal, ob Tiere in Gefangenschaft oder in der Wildnis leben. Die teilweise blutigen Konfrontationen zwischen seinen Wölfen deutete er allerdings ebenfalls als Kampf um die Rangordnung, wie er in Freiheit auch vorkommen würde – und nicht, was richtiger gewesen wäre, als Ergebnis der Haltung in Gefangenschaft. Teilweise glaubt man in seinen Tagebuchnotizen Erschrecken über das Ausmaß der Aggression zu lesen, wie im Juni 1969, als drei Weibchen miteinander kämpften:

> *16.30: […] Die Wölfe sind sehr aufgeregt. Kleinere Beißereien, Knurren, Fauchen usw.*
> *16.40: Plötzlich, nach Angriff von Anfa, großer Kampf zwischen Anfa und Andra. Es wird hemmungslos gebissen […]. Die anderen greifen weiter wie irrsinnig an. Totaler Einsatz.*
> *16.50: Endlich gelingt es mir, die Wölfinnen zu trennen.«*[5]

Erik Zimens zum Klassiker gewordenes Buch *Der Wolf. Mythos und Verhalten* hat den Irrtum vom Alpha-Wolf in Deutschland bekannt gemacht. Immer noch gültig aber sind seine intimen Einblicke in das komplexe Sozialverhalten der Tiere, von dem zu erzählen er nicht müde wurde, sei es in Filmen oder Interviews. Zimen machte sich zum Anwalt der Wölfe, entschlossen, mit dem Klischee vom bösen Tier aufzuräumen. In den Siebziger- und Achtzigerjahren war das, als niemand damit rechnete, dass es in gar nicht ferner Zukunft in Deutschland wieder wilde Wölfe geben würde. 2003 starb Erik Zimen – die von ihm so gewünschte Rückkehr der Wölfe hat er noch erlebt.

Sanftäugiges Karibu, zähnefletschender Wolf: aus einem nordamerikanischen Säugetier-Lexikon, 1916.

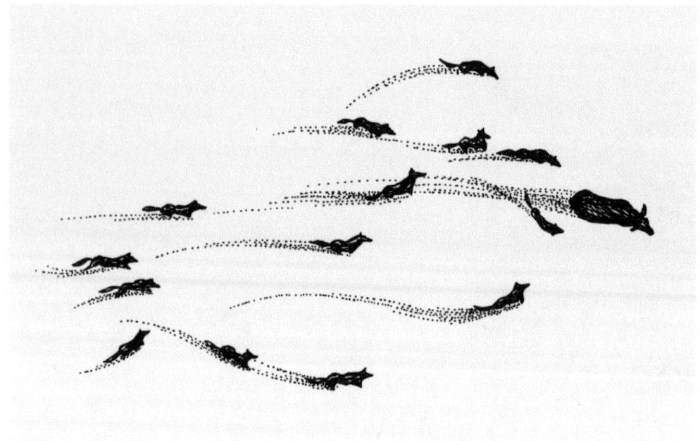

Choreografie des Tötens: Wölfe verfolgen einen Elch.

Es ist seit einer Weile einfacher geworden, etwas über freilebende Wölfe zu erfahren. Der Mensch heftet sich direkt und indirekt an ihre Fersen: mit kleinen Flugzeugen und mit Sendern, die an den Tieren befestigt werden. Die Technik hat einen Perspektivwechsel möglich gemacht: Statt mithilfe von Spuren, Losungen, Resten seiner Beute nur zu sehen, wo das Tier schon war, ist man nun mit den Wölfen unterwegs. Die Technik hat auch erstmals ihren enormen Bewegungsradius enthüllt. Wanderungen von 25 bis 50 Kilometern am Tag sind nicht ungewöhnlich, zurückgelegt in flottem Schritt von 8 Stundenkilometern. Der Grund für dieses Nomadenleben berührt den Kern des Konflikts zwischen Mensch und Wolf: dessen Dasein als Jäger.

Aufnahmen aus der Luft zeigen die Rudel im Gänsemarsch, ein Tier geht hinter dem anderen, in jenem leichtfüßigen,

Versucht das Beutetier zu fliehen, hat es meist schon verloren.

schnurgeraden Gang, bei dem die Hinterpfote sich genau in die Spur der Vorderpfote setzt. Eine kräftesparende Art, sich fortzubewegen, vor allem, wenn Schnee liegt.

Ebenfalls aus der Luft ist es gelungen, die Jagd selbst zu beobachten, die immer gleiche Choreografie des Tötens in mehreren Akten: die Suche, die Verfolgung, die Begegnung mit der Beute, der Wettlauf. Hat den Wölfen ihr hochentwickelter Geruchs- und Hörsinn verraten, dass Beute in der Nähe ist, versuchen sie, sich unentdeckt zu nähern. Irgendwann bemerkt das Beutetier seine Verfolger. Es rennt weg – oder nicht. Letzteres erhöht seine Überlebenschancen. Huftiere, die häufigste Beute von Wölfen, sind für Angriffe durchaus gewappnet. Bleibt ein Tier in der Absicht, sich zu verteidigen, stehen, scheinen die Wölfe eine schnelle Kosten-Nutzen-Rechnung anzustellen: Ein erfolgreicher Angriff kann Nahrung für mehrere Tage bedeuten, vom Huf eines sich verteidigenden Elchs getroffen zu werden allerdings schwere Verletzungen. Entgegen seinem Ruf ist der Wolf kein gnadenloser, sondern ein taktierender Jäger: Die meisten Jagdversuche werden abgebrochen.

Wer rennt, ist verletzlicher, darum versucht das Rudel, die Beute zum Laufen zu bewegen. Gelingt das, beginnt ein meist nicht sehr langer Sprint, bei dem die Wölfe ihre einzige Waffe zum Einsatz bringen: ihr Gebiss. Dieser bestens ausgestattete Werkzeugkasten hält enormen Belastungen stand, etwa wenn ein Wolf, der sich ins Bein eines Elchs verbissen hat, mehrere Meter mitgeschleift wird. Anders als Löwen oder Tiger töten Wölfe nicht mit einem gezielten Biss. Das Beutetier stirbt, vor allem wenn es groß ist, an den verschiedenen Wunden, wobei vor allem die Fangzähne zum Einsatz kommen.

Warum Wölfe gemeinsam jagen, schien lange Zeit klar: Mehr Jäger gleich mehr Beute, glaubte man. Das ist allerdings falsch. Auch ein einzelner Wolf ist in der Lage, einen Elch oder Hirsch zu reißen, und ein Paar erlegt nicht weniger Tiere als ein Rudel. Tatsächlich bleibt umso weniger Nahrung für den Einzelnen, je größer das Rudel ist.

Was der Grund dafür ist, dass Jungtiere dann nicht einfach mit sieben bis zwölf Monaten abwandern – dann nämlich sind sie ausgewachsen –, sondern zwei, manchmal drei oder vier Jahre bei ihrer Familie bleiben, ist eine vieldiskutierte Frage der Wolfswissenschaft. Es handelt sich, so könnte man die aktuelle Antwort grob vermenschlichend zusammenfassen, um eine familienpolitische Entscheidung. Sind genug große Beutetiere vorhanden – und solche jagen Wölfe bevorzugt –, ist auch genug Nahrung für den Nachwuchs da. Was sonst übrig bliebe und an Aasfresser fiele, bekommen die Jungtiere. Dass es einen Zusammenhang zwischen Nahrungsvorkommen und Rudelgröße gibt, zeigen Gegenden, in denen Ersteres überschaubar ist. Im Italien der Siebzigerjahre, als es kaum Wild gab, und in Israel, wo sich die Wölfe von kleinen Tieren und auch von Abfall ernähren, bestehen die Rudel oft nur aus einem Paar – die Jungen verlassen die Elterntiere früh.

Es erhöht aber die Wahrscheinlichkeit, dass sich die Investition in die nächste Generation gelohnt haben wird, wenn diese noch eine Weile durchgefüttert wird. Und auch für die jungen Wölfe ist es von Vorteil, länger bei den Eltern zu bleiben – bis der Paarungstrieb sie wegführt und die risikoreiche Suche nach einem eigenen Partner und Revier beginnt.

Eine erweiterte Familie, in der Tanten und Onkel auch für den Nachwuchs da sind. Ausgeprägte Fürsorge für die nächste Generation. Paare, die oftmals zusammenbleiben, haben sie sich einmal gefunden. Ein Territorium, das gegenüber anderen, wenn nötig, erbittert verteidigt wird: Das Tier, das nach siebzig Jahren Wolfsforschung hinter der immer etwas verzerrenden Brille der menschlichen Wahrnehmung erscheint, kommt dem Menschen ziemlich nah.

Auch das Heulen, jahrhundertelang akustische Begleitung des Schreckens, den der Wolf verbreitete, ist weder die Ankündigung eines Angriffs, noch gilt es dem Mond – es ist vielmehr ein weiterer Teil des komplexen Miteinanders der Tiere. Der mit weit zurückgelegtem Kopf und geöffnetem Maul erzeugte Laut macht es möglich, über große Entfernung zu kommunizieren; unter Rudelmitgliedern den eigenen Standort mitzuteilen oder einem anderen Rudel zu verstehen zu geben, dass ein

Revier besetzt ist. Bis zu 16 Kilometer weit trägt der langgezogene, eindringliche Ton – eine nützliche Ergänzung der anderen akustischen, taktilen und olfaktorischen Signale, über die sich das Zusammenleben der Wölfe organisiert.

Der davon am wenigsten erforschte Bereich ist fast der wichtigste: Gerüche, aus denen die Tiere lesen wie in einem Buch. Geschlecht, Paarungsbereitschaft, Alter, sozialer Status, all das lässt sich entziffern durch die Düfte, die ein Wolf über Drüsen und Sekrete an sich trägt oder die er als Nachricht etwa an einer Reviergrenze hinterlassen hat. Die Witterung eines Artgenossen oder Beutetiers kann ein Wolf in zwei bis drei Kilometern Entfernung aufnehmen.

Diese Welt der Gerüche ist ein weiterer Beweis dafür, wie sehr unser Verständnis eines Tieres die Grenzen unserer eigenen Wahrnehmung spiegelt. Der Mensch kann diese Welt kaum betreten, ihre Fülle nur erahnen. Er riecht nun mal zu schlecht.

Niemanden hasst der Hund so wie den Wolf

Von nahen Verwandten

Er bekenne sich schuldig, sagte Jack London, als schon klar war, dass *Der Ruf der Wildnis* ein überwältigender Erfolg werden würde. Er sei sich gar nicht bewusst gewesen, eine Allegorie geschrieben zu haben, jedenfalls habe er es nicht vorgehabt.[1] Es ist wahrscheinlich, dass in dem Satz der Übermut eines Autors steckt, der sich sein Leben lang für seine arme Herkunft geschämt und sich in vier Wochen, so lange brauchte er für den Roman, plötzlich Ruhm und Reichtum erschrieben hatte. Denn London ging es immer ums Grundsätzliche, er wollte zu den Grundfesten des Daseins vordringen, zur Frage, wie den rasanten Veränderungen des späten 19. Jahrhunderts zu begegnen sei und ob die existenzielle Erfahrung von Wildnis die Erlösung von einem Zustand sein könnte, den er als zivilisatorische Verweichlichung empfand. *Der Ruf der Wildnis,* erschienen 1903, gibt die Antwort eigentlich schon im Titel. Was vordergründig die Abenteuer eines Hundes beschreibt, den es ins unwirtliche Alaska verschlägt, ist ein echter Bildungsroman.

Dazu gehört auch immer, dass die Entwicklung im Helden bereits angelegt ist: Hund Buck, aus dessen Sicht das Buch erzählt wird, trägt den Weg zurück zu einer wilden Ursprünglichkeit schon in sich – den Weg zurück zum Wolf. Im ersten Kapitel ist Buck ein verwöhnter Haushund im warmen Kalifornien, im letzten stolzer Anführer eines Wolfsrudels, vom Menschen unabhängig, ein Jäger, »auf der Suche nach lebendem Fleisch«[2]. Er hat der wachsenden Sehnsucht nachgegeben, die ihn in Alaskas Wäldern nach dem Wolf, seinem »wilden Bruder«[3], suchen ließ.

Das Ende liest sich durchaus als Triumph. Die Grenze zwischen Natur und Kultur verläuft im Hund selbst, behauptet London, und sie ist verschiebbar: Auch im Schoßhund, erschlafft wie die Gesellschaft, in der er lebt, steckt noch die Vitalität jenes tödlichen, aber wahrhaftigen Selbsterhaltungstriebs, der für London den Wolf ausmacht. Der Schriftsteller, der als Goldgräber, Vagabund und Seemann selbst gern das Leben im Zwischenbereich von Zivilisation und Wildnis erprobte und Briefe an Freunde mit »Wolf« unterschrieb, sieht das als hoffnungsvolle Perspektive. Nicht nur für das Tier.

Dass ausgerechnet der wilde und zuweilen verstörende Wolf einen gar nicht entfernten Verwandten hat, der es sich wie kein anderes Tier in der Lebenswelt des Menschen bequem gemacht hat, ist mehr als eine hübsche Anekdote in der Domestikationsgeschichte. Hund und Wolf sind ein inspirierendes und auch irritierendes Paar: Im Namen von Literatur, Wissenschaft, Hundezucht und Ideologie wurden und werden die beiden zusammengedacht. Der Hund bleibt ein Grenzgänger: Er hat den Weg des Menschen in Sesshaftigkeit und Zivilisation begleitet und wird doch auch gerade dafür geschätzt, dass er, als Jagd- oder Wachhund, die Grenze zurück zur Natur überwinden kann. Im einen Tier scheint immer auch das andere auf – je nach Perspektive als Verheißung oder Bedrohung.

Und was erst, wenn Hund und Wolf in einem Tier zusammenkommen? Dass beide miteinander Nachwuchs zeugen kön-

THE OUTDOOR STORY NUMBER

THE SATURDAY EVENING POST

An Illustrated Weekly Magazine
Founded A^{o} D^{i} 1728 *by* Benj. Franklin

JUNE 20, 1903 FIVE CENTS THE COPY

Beginning The Call of the Wild—By Jack London

THE CURTIS PUBLISHING COMPANY, PHILADELPHIA

Bevor Der Ruf der Wildnis, *die Geschichte vom Hund, der den Wolf in sich entdeckt, zum Welterfolg wurde, erschien der Roman 1903 als Fortsetzungsgeschichte.*

nen, wusste man schon lange, fast zärtlich formulierte Conrad Gesner im 16. Jahrhundert in seinem *Thierbuch:* »Die Hunde und Wölfe rammelen auch bißweilen miteinander [...] und daraus sollen sehr kühne und schöne Hunde entspringen.«[4]

Das sah Jack London ganz genau so. Ein paar Jahre nach dem *Ruf der Wildnis* erfand er einen solch kühnen Hund und nannte den Roman *White Fang,* auf Deutsch wurde *Wolfsblut* daraus. Es war eine raffinierte Idee, dass er die Geschichte, die ihn berühmt werden ließ, noch ein zweites Mal erzählte, in umgekehrter Richtung: Wolfsblut, Kind eines Wolfs und eines weiblichen Wolf-Hund-Mischlings, wird durch die Liebe zum Menschen vom wilden zum gezähmten Tier. Als der in den kalten Weiten Alaskas geborene Welpe von Indianern gefangen wird, setzt eine Entwicklung ein, für die der über die Mischlingsmutter gewissermaßen eingebaute Hundeanteil vonnöten ist. Wieder wird die Grenze zwischen Natur und Kultur zum Schwingen gebracht: Bald siegt die dem Hund eigene Bereitschaft zur Unterwürfigkeit, die Notwendigkeit, den Menschen als ›Gott‹ anzuerkennen, auch wenn dieser, wie im Fall der wechselnden Besitzer von Wolfsblut, ein despotischer ist. Das Tier wird zum gefürchteten Kampfhund, mit dem sich gut Geld verdienen lässt, bis, begleitet von einer kräftigen Dosis Pathos, ein neuer liebevoller Besitzer auftaucht, der Wolfsblut ein nie gekanntes Gefühl spüren lässt: Hingabe statt bloßen Gehorsam.

In der letzten Szene sind Tier und Mensch in einem Bild von wohliger Harmonie arrangiert: Wolfsblut, noch geschwächt von den Verletzungen eines Kampfes, bei dem er dem Vater seines Besitzers das Leben gerettet hat, sieht im Garten der Farm, auf der er jetzt lebt, den von ihm gezeugten Welpen beim Spielen zu. Die Wildheit des Wolfshundes ist mit dem Kulturraum kompatibel geworden, weil sie komplett in den Dienst des Menschen gestellt ist – in dessen Sinne aber jederzeit aktiviert werden kann. Die Mensch-Hund-Beziehung in Perfektion.

Als Jack Londons Romane in Deutschland auf den Markt kamen, stand in vielen Haushalten noch ein schweres mehrbändiges Werk im Bücherregal, das, von ebenso unbekümmertem Anthropozentrismus wie Londons Bücher, allerdings für sich in Anspruch nahm, im Namen der Naturwissenschaften zu sprechen. Auch heute, hundertfünfzig Jahre nachdem es zum ersten Mal erschien, vibriert Alfred Brehms *Thierleben* vor Erzähllust, und je weiter man sich vorarbeitet durch die bräunlichen, in enger Frakturschrift gesetzten Seiten, desto mehr versteht man, warum Brehm zu Lebzeiten der ›Tiervater‹ war: Hier spricht ein Patriarch, urteilt mit autoritärer Geste über wohlgeratene oder problematische Familienmitglieder.

Der Wolf, dem am Ende von Band 1, bei den Raubtieren, 19 Seiten gewidmet sind, schneidet erwartungsgemäß schlecht ab, schon rein optisch: Er hat »die Gestalt eines großen hochbeinigen dürren Hundes«, seine Beine sind gar »klapperdürr«. Der von Brehm überaus geschätzte Hund bleibt Bezugspunkt. Um sich aus dem Dilemma herauszuschreiben, dass der »Schädling« Wolf, dessen hervorstechende Eigenschaft die »elende Feigheit« ist, mit dem Hund unverkennbar verwandt ist – wie eng, wusste man damals noch nicht –, macht es Brehm wie Jack London. Er konstruiert eine flexible Grenze zwischen den beiden Tieren, die sich zum Guten, in Brehms Sinne also dem Hundehaften, verschieben kann: »Der Wolf besitzt alle

Begabungen und Eigenschaften des Hundes: dieselbe Kraft und Ausdauer, dieselbe Sinnesschärfe und denselben Verstand. Aber er ist einseitiger und erscheint weit unedler als der Hund, unzweifelhaft einzig und allein deshalb, weil ihm der erziehende Mensch fehlt.« Der Wolf ist gewissermaßen aufgefordert, den ihm zur Verfügung stehenden Verstand sinnvoll einzusetzen, nämlich für die Erkenntnis, dass der Mensch einen noch größeren hat. Brehm schreibt anerkennend, dass auch »der Hund ein Raubthier ist, gewöhnt, über andere Geschöpfe zu herrschen, und trotzdem seinen Verstand bereitwillig und aus wirtlich vernünftigen Gründen dem höheren Menschengeiste unterordnet«. Dass es erstrebenswert ist, sich »dem Menschen zu eigen« zu geben, wird vorausgesetzt.

Berichte über handaufgezogene Wölfe, die Brehm zitiert, reichen schließlich für eine Ehrenrettung: »Der Wolf ist der Erziehung fähig und der Zähmung, d. h. des Umgangs mit vorurtheilsfreien Menschen, nicht unwürdig. Wer mit ihm zu verkehren versteht, kann aus ihm ein Thier bilden, welches dem Haushunde im wesentlichen ähnelt.«[5] Es gibt Hoffnung für den Wolf. Sie besteht darin, ein Hund zu werden.

Unter den verschiedenen Hunderassen, die Brehm dann noch beschreibt, erscheint ihm der Schäferhund als besonders vorbildhaft. Zustimmend zitiert er den Naturforscher Adolf Müller, der 1872 in der Zeitschrift *Die Gartenlaube* schrieb: »Wenn irgendeine Hunderasse einen Verdienst um die Menschheit sich erworben, also ein Anrecht auf das Gefühl der Anerkennung und Liebe hat, so ist es der kluge, treue, wachsame und nimmermüde Schäferhund«. Als einheitliche Züchtung gab es

»Der Kopf ist dick, die Schnauze spitzig, die Ohren kurz«: Selten sachlich war die Beschreibung dieses Wolfsbildes in einem deutschen Lexikon von 1809.

Schäferhunde da noch gar nicht, als Gebrauchstiere verschiedener Form und Größe fand man sie auf Bauernhöfen.

Die Ähnlichkeit mit dem Wolf fiel Brehm auf – Bedeutung sollte sie aber erst erlangen, als ein junger Rittmeister namens Max von Stephanitz 1899 den Verein für deutsche Schäferhunde gründete und seine Hunde Horand von Grafrath, Marie von Grafrath und Schwabenmadle von Grafrath für würdig befand, die neue Rasse zu begründen. Schon zwei Jahre nach der Vereinsgründung lieferte von Stephanitz mit dem dicken Werk *Der deutsche Schäferhund in Wort und Bild* den ausführlichen ideologischen Unterbau, der immer noch eindrucksvoll Zeugnis gibt, wie der Schäferhund Anfang des 20. Jahrhunderts als Gehilfe bei der Definition einer rassischen und nationalen Identität herhalten musste; eine Assoziation, die der Nationalsozialismus gerne aufgriff. Der Wolf taucht in dem Werk mehrmals als Referenzpunkt auf, der das positive Bild des Schäferhunds gewissermaßen abrundet: »der Wolf zeigt [...] den kräftigen langgestreckten Bau unserer Schäferhunde. Seine Rückenlinie ist trefflich, die Gliedmassenwinkelung [...] vorzüglich.«[6]

Die Nationalsozialisten hatten eine besondere Vorliebe für den Schäferhund, den sie dank von Stephanitz' Vorarbeit als ein Tier identifizierten, das die Ideale des faschistischen Staates verkörperte: so treu und hingebungsvoll, wie es vom Einzelnen erwartet wurde, dabei wehrhaft – und optisch dem Wolf so nah, der als aggressiv-kriegerischer Vergleich für die nationalsozialistische Sache gern bemüht wurde: »Wie der Wolf in die Schafherde einbricht, so kommen wir!« schrieb Joseph Goebbels etwa 1928 im *Völkischen Beobachter*. Das heroische Wolfsbild, wie es Gesellschaften, die sich als kriegerisch verstanden, von jeher gern pflegten, fand bei den Nationalsozialisten offensichtlich im Schäferhund sein Objekt. Adolf Hitler, der in frühen Schriften das Pseudonym ›Herr Wolf‹ benutzte, nannte seinen ersten Schäferhund Wolf und auch einen der beiden, mit denen er seine letzten Tage im Bunker verbrachte.

Abgesehen von der Optik ist Max von Stephanitz jedoch bemüht, Wolf und Schäferhund voneinander abzugrenzen. Charakterlich macht der Wolf, dieses »Raubzeug«, für ihn nicht viel her, und er warnt in der ihm eigenen ungnädigen Art vor Versuchen, durch Kreuzungen wieder mehr Wolf in den Hund hineinzuzüchten. Bei dem Wolf-Schäferhund-Mischling »Pustekohl«, von dem in seinem Buch ein Foto abgebildet ist, stört ihn »die unschöne Kopfbildung, der unedle, lauernde Ausdruck. Und wie das Aeussere, so, in diesem Fall, auch das Wesen.« Überhaupt sei der »Bastard« an sich jemand, »dessen Charakter Charakterlosigkeit« ist, im Falle von Wolf und Schäferhund: »Unzuverlässigkeit, Sprunghaftigkeit des Wesens, Scheuheit und Tücke«.[7]

Was den eigenwilligen Charakter solcher Mischlinge betrifft, hatte er durchaus Recht. Das merkten in den Dreißigerjahren auch die Züchter des Saarlooswolfhunds, Ergebnis einer Kreuzung von Schäferhund und Wölfin. Statt des erhofften zähen, verlässlichen Arbeitstiers zogen sie scheue Tiere groß. Dennoch gibt es den Saarlooswolfhund weiterhin, ebenso wie den Tschechoslowakischen Wolfshund. Dessen Züchtung nahmen Fans der Rasse wieder auf, Jahre nachdem die tschechoslowakische Armee sich eingestehen musste, dass die Kreuzung aus Schäferhund und in den Karpaten vorkommenden Wölfen nicht den erhofften angriffslustigen Grenzhund hervorgebracht hatte, sondern ein zurückhaltendes, schnell zur Flucht bereites Tier.

Als die Wissenschaft sich zu fragen begann, wie sich Wolf und Hund unterscheiden, bediente man sich auch einer Kreuzung – und zwar einer auf den ersten Blick ziemlich überraschenden. In den Sechzigerjahren wurden am Kieler Institut für Haustierkunde zwei junge Königspudel ins Gehege einer Wölfin gesteckt. Für den einen ging die Begegnung nicht gut aus, die Wölfin biss ihn tot. Mit dem zweiten Pudel jedoch paarte sie sich. Neun Wochen später kamen die wahrscheinlich ersten je gezeugten Puwos zur Welt. Es wirkt wie wissenschaftlicher Übermut, den Wolf ausgerechnet mit dem Königspudel zu kreuzen, zur Karikatur geschorenes Opfer engagierter Hundecoiffeure. Tatsächlich kann der Königspudel, muss er keine Frisur tragen, eine gewisse zottelige Lässigkeit ausstrahlen, er ist ein auf keine bestimmten Eigenschaften hin gezüchteter Allrounder und von seinen Proportionen her dem Wolf nicht unähnlich. Erik Zimen, der als Doktorand mit der Forschung an den Puwos betraut wurde, schien sich aber selbst etwas zu wundern, warum sein Doktorvater Wolf Herre, der anhand von Messungen des Hirngewichts von Hund, Wolf, Goldschakal und Kojote die Abstammung aller Hundearten vom Wolf belegte, ausgerechnet den Königspudel wählte. Wahrscheinlich war einfach sein persönlicher Geschmack ausschlaggebend, der auch durch weitere Zuchtversuche mit dem Königspudel unter Beweis gestellt wurde.[8]

Zimen sollte herausfinden, wie sich das Verhalten von Hunden von dem des Wolfs unterscheidet und wie die Unterschiede vererbt werden. 1967 zog er mit seiner Frau und 15 Welpen in ein Waldstück südlich von Kiel, sie bezogen ein leerstehendes Waldarbeiterhäuschen, die jungen Wölfe, Pudel und Puwos erster und zweiter Generation mehrere Zwinger. Nach einer Weile merkte Zimen, dass sein Vorhaben noch ambitionierter war als angenommen, vor allem wegen der Pudel-Wolf-Mischlinge der zweiten Generation. An ihnen wurde deutlich, dass die Eigenschaften, in denen sich junge Wölfe und junge Hunde unterscheiden, auf komplexe Weise weitergegeben werden: Die den Wolfswelpen eigene Fluchttendenz Menschen gegenüber wird, als für das Überleben wichtiges Verhalten, offenbar dominant vererbt. Die Neigung der Hunde, sich dem Menschen anzuschließen, kam aber in der übernächsten Generation ebenso an, nur von Tier zu Tier verschieden. So sah sich Zimen ziemlich komplizierten Charakteren gegenüber: Ein Welpe war gleichzeitig scheu und anhänglich, einer eher zahm, aber am Menschen trotzdem nicht weiter interessiert. Um alle möglichen Kombinationen im Verhalten und ihre Abstufungen zu erfassen, hätte Zimen viel mehr als die vier Puwo-II-Welpen gebraucht, die zudem wie die anderen elf alle drei Stunden gefüttert werden mussten. Er beschloss, dass erst gründlichere Forschung an Wolf und Hund nötig war, bevor man sich dem gemeinsamen Nachwuchs zuwandte, und schickte die Puwos nach Kiel zurück.

Mit Pudeln und Wölfen lebte er noch zwei Jahre im Wald und stellte die bis dahin weitgehend diffusen Ideen über das wilde versus das domestizierte Tier auf eine wissenschaftliche Basis. Seine zentrale Erkenntnis: Der Hund ist eine schlichtere, verspieltere Version des Wolfs. Sie tun im Wesentlichen das Gleiche, nur scheint der Hund manchmal nicht mehr genau zu wissen, warum. Ein eindrückliches Beispiel kam unbeabsichtigt zustande, als sich Wolf und Pudel einmal auf lebende Hühner stürzten, die Zimen eigentlich für ein anderes Forschungsvorhaben mitgebracht hatte. Die handaufgezogene Wölfin tötete und fraß das Huhn gekonnt. Die Pudel zerrten an dem Vogel herum und wussten nicht so richtig etwas mit ihm anzufangen.

Dass viele Hunderassen eigentlich nicht mehr jagen können, dass Hunde soziale Nähe in einem Maß suchen, wie es Wölfe

Wirklichkeitstreue war wohl nicht das erste Anliegen früherer Wolfsdarstellungen. Wolf, der von Hunden angegriffen wird, *Niederlande, 17. Jh.*

nur als Welpen tun, dass ihre Mimik und Körperhaltung viel weniger eindeutig und ausdrucksvoll ist als beim Wolf und dass sie öfter paarungsbereit sind, nennt Zimen eine »Anpassungsleistung« an das Dasein als Haustier. Hunde haben sich die Dinge abgewöhnt, die man eben nicht mehr braucht, wenn man sein Essen geliefert bekommt. Dann kann man sich auch erlauben, zweimal im Jahr einen Wurf durchzubringen und nicht nur einmal wie die Wölfe.

Mit dieser nüchternen Deutung von Domestikation arbeitete Zimen auch an einer Befreiung seiner Disziplin von gar nicht weit zurückliegenden Versuchen, diese in den Dienst einer fragwürdigen Zivilisationskritik zu stellen. In seinem Buch *Der Hund,* in dem er seine Forschungsergebnisse an Hund und Wolf zusammenfasst, zitiert er einen Text seines Kollegen und Vorbilds Konrad Lorenz, den er knapp als »alte Arbeit von 1940«[9] von dem Verhaltensforscher bezeichnet. Es ist allerdings genau jene Arbeit, in der der spätere Nobelpreisträger Vergleiche zwischen dem seiner Meinung nach überzivilisierten Großstadtmenschen und hochgezüchteten Haustieren anstellt und sich sorgt, dass »die Menschheit [...] mangels auslesender Faktoren an ihren domestikationsbedingten Verfallserscheinungen zugrunde gehen« könnte. Doch wenigstens habe der »rassische Gedanke unserer Staatsform« schon »unheimlich viel [...] geleistet«[10], um das zu verhindern. Das 80-seitige Werk mit dem Titel *Durch Domestikation verursachte Störungen arteigenen Verhaltens* ist einer der politisch explizitesten Texte des späteren Nobelpreisträgers, dessen geistige Nähe zum Nationalsozialismus inzwischen bekannt ist. Die von Zimen zitierte Stelle, in der es um die vermeintliche ›Hypertrophie‹, also die Übersteigerung bestimmter Verhaltensweisen bei Haustieren und das Schwinden anderer geht, ist da noch eine vergleichsweise sachlich klingende.

Der Hund als gewissermaßen vergröberter Wolf, der sich dem Leben an der Seite des Menschen angepasst hat – so sieht man die Sache auch im österreichischen Wolf Science Center (WSC), wo knapp 50 Jahre nach Zimens Hunde-Wolf-WG dessen Arbeit weitergeführt wird. In einem Wald bei Wien leben Anfang und Ende von etwa 30 000 Jahren Domestikationsgeschichte in Sichtweite, und der erste Eindruck ist: Das Interesse aneinander ist überschaubar. Im Gehege rechts des Wegs, der durch das WSC führt, wohnen fünf Wölfe, in dem auf der anderen Seite ein paar Hunde. Für das, was außerhalb ihres großzügig umzäunten Waldstücks geschieht, interessieren sich die Tiere nur, wenn einer der Mitarbeiter vorbeikommt. Was dann passiert, lässt sich in Menschenkategorien so ausdrücken: gelassene Neugier auf der einen, sich überschlagende, um Aufmerksamkeit bettelnde Aufregung auf der anderen Seite. Während die Wölfe lautlos zur Absperrung traben und abwarten, die Augen auf den Besuch gerichtet, springen die Hunde am Zaun hoch, bellend, schwanzwedelnd, den Eindruck größter Dringlichkeit vermittelnd. Man kann nicht anders, als an Kurt Tucholsky zu denken und sein lakonisch-boshaftes *Traktat über den Hund:* »Niemanden hasst der Hund so wie den Wolf, denn er erinnert ihn an seinen Verrat, sich dem Menschen verkauft zu haben.«[11]

Kurt Kotrschal, einer der Leiter der Forschungsstelle, sagt es so: Alle Mitarbeiter am WSC würden die dort lebenden Hunde sehr schätzen, aber das unabhängigere Wesen der Wölfe brächte ihnen mehr Achtung ein, auch im Hinblick auf die »geringere soziale Vorleistung«, was den Menschen betrifft. So ist die unverkennbare Wolfsbegeisterung aller Mitarbeiter der Forschungsstätte vornehm umschrieben – sie sind ja hier, um möglichst objektiv Wissenschaft zu betreiben. Das 2008 von den Biologen Kurt Kotrschal, Friederike Range und Zsofia Virányi gegründete Wolf Science Center in Ernstbrunn nördlich von Wien will sich durchaus auch als archäologisches Projekt verstanden wissen: Die Zusammenarbeit von Forscher und Wolf ist gewissermaßen ein Schritt zurück in die Zeit, als Mensch und Wolf sich annäherten und in der daraus nach und nach der Hund hervorging. Man will hier vor allem herausfinden, wie Kooperation, ein so wichtiger Aspekt im Sozialverhalten von Wölfen und auch im Zusammenleben von Hund und Mensch, praktiziert wird: zwischen den Tieren untereinander und zwischen Tier und Mensch.

Fast jeden Tag werden Wölfe und Hunde dafür nacheinander in einen der Testräume geführt, in denen Experimente darüber Aufschluss geben sollen, wie, Kurt Kotrschal sagt es salopp, »die Tiere ticken«. Hunde und Wölfe werden deswegen unter gleichen Bedingungen aufgezogen, eine wichtige Voraussetzung der vergleichenden Forschung. Als wenige Wochen alte Welpen bekommen sie die Flasche und werden von Menschen umsorgt, mit sechs Monaten ziehen sie zu ihren Artgenossen. Darum der ungewohnte Anblick großer und kleiner, heller und dunkler Hunde in einem Gehege. Sie führen hier ein eher untypisches Hundeleben unter ihresgleichen. Die Hunde, allesamt Mischlinge, waren einmal herrenlose Welpen, gestrandet in einer ungarischen Hundeauffangstation – die Nachkommen von Straßenhunden, was eine große genetische Breite verspricht. Die Wölfe kommen teils aus europäischen Zoos, teils aus den USA und Kanada und gehören alle zur Unterart der Timberwölfe. Sie haben sich mit ihrem als besonders umgänglich geltenden Wesen für die Forschung empfohlen und sind nebenbei besonders ansehnliche Wölfe. Die langen, schlanken Beine enden in sehr großen Pfoten, gemacht, um die Tiere in ihrer Herkunft, den Weiten Kanadas und der USA, mühelos über Schnee laufen zu lassen – während die oft mit Hufen ausgestatteten Beutetiere, Elche etwa, leicht einsinken. Das dichte Fell wird hinter der Schnauze länger und legt sich, je nach Tier und Jahreszeit, mähnengleich um den Kopf. Der Mensch sieht langbeinige, ins Gemütlich-Pelzige gehende Eleganz.

In Ernstbrunn leben die zwölf Wölfe in Gruppen von zwei bis fünf zusammen, jedes kleine Rudel hat ein eigenes Gehege. Kurt Kotrschal schließt eine wenige Quadratmeter große Schleuse auf, die mit dem dahinterliegenden Wolfsgehege verbunden ist. Wir setzen uns auf niedrige Steinstufen, dann ruft er Nanouk, einen Rüden mit cremefarbenem Fell. Nanouk kommt geradezu hereingaloppiert, legt Kurt Kotrschal die Pfoten aufs Knie, drückt seine Schnauze an sein Gesicht, stupst ihn. Anschließend wendet er sich dem Besuch zu, ein nahes Schnüffeln, ein Lecken über die Nase, Wolfshaar streift das Gesicht, dann ist seine Neugier befriedigt. Als er wieder im Gehege ist, kommt die Wölfin Una herein, die gleiche stürmische Begrüßung für den Mann, der mit ihr vor zwei Jahren mehrere Wochen in der Hütte nebenan gewohnt hat und ihr alle paar Stunden die Flasche gegeben hat, das gleiche beiläufige, aber deutliche Interesse für seine Begleitung. Nur ihre Bewegungen sind flüchtiger. »Sie ist mehr Wölfin«, sagt Kurt Kotrschal, Nanouk sei ein außergewöhnlich verschmustes Tier.

Eine kurze Begegnung, eine sanfte Kontaktaufnahme durch die Wölfe. Sie bewegt anders als die von einem Hund. Weil sie von weiter her zu kommen scheint.

Kurt Kotrschal glaubt, wie inzwischen viele Wissenschaftler, dass die Annäherung von Mensch und Wolf eine von beiden Seiten war. Dass die Wölfe sich näher an die Menschen und ihre Essensreste wagten. Und die Menschen einen praktischen

Nutzen in dem Tier erkannten, das warnte, wenn etwa fremde Menschen sich näherten, und das zur Not auch essbar war. Genau wird man es nie wissen, Kurt Kotrschal sagt den schönen Satz: »Die Beziehung ist leider nicht fossiliert«. Im Gegensatz zu 33000 Jahre alten Hundeknochen, die man gefunden hat, später auch in einem Grab mit Menschen.

Man kann nur versuchen herauszufinden, was sich verändert hat im nach und nach zum Hund gewordenen Tier. Je länger Kurt Kotrschal mit Wölfen und Hunden arbeitet, desto überzeugter ist er, dass die Unterschiede zwischen ihnen nur gradueller Art sind. Lange dachte man zum Beispiel, dass Hunde menschliche Zeigegesten besser lesen könnten als Wölfe. Das stellte sich allerdings als falsch heraus: Hunde lernen es nur schneller.

Vor einer Weile seien drei Wölfe aus dem Wolf Science Center ausgerissen, erzählt Kurt Kotrschal. Zwei wurden wenig später in der Nähe gefunden, eine junge Wölfin blieb die ganze Nacht verschwunden. Am nächsten Tag entdeckte man sie am Rand eines Fußballfelds, sie schien dem Spiel zuzusehen. Ruhig ließ sie sich eine Leine anlegen. Falls die Wildnis rief, sie hat sie überhört.

Auch in der Gartenlaube, *einer frühen Illustrierten für die ganze Familie, kam bisweilen die raue Welt der Raubtiere vor.* Ein strittiger Fund, *1897.*

Der Ruf einer unbekannten und ursprünglichen Kraft

Vom Drang zum wilden Tier

Als das Taxi hält, beginnt der Hügel zu heulen. Langgezogen, mehrstimmig, wie der Auftakt zu einem melancholischen Lied. Von der Terrasse des Hauses ein bisschen unterhalb des Hügels winkt Birgit Vogelsang. Besuch muss hier nicht klingeln. Die Wölfe kündigen ihn an.

Vor einigen Jahren sind sie und ihr Mann hierhergezogen, auf eine einsame Anhöhe in Niedersachsen, mit Blick auf den Wald und eine schnurgerade Reihe von Kirschbäumen. Sie haben sich nicht wegen der malerischen Lage für das Haus entschieden, sondern weil das dazugehörige Grundstück groß genug war, um darauf Gehege für ihre neun Wölfe zu bauen. »Sie mögen es hier«, sagt Birgit Vogelsang, »sie fühlen sich sicher.« Man hat hier oben eine weite Aussicht und kann jeden Spaziergänger und jedes Auto sehen, das von der Landstraße zu den Vogelsangs abzweigt. Manchmal treten Rehe aus dem Wald. Dann stehen sich die Tiere still und aufmerksam gegenüber, eine Begegnung wie eine ferne Erinnerung. Die Rehe hier kennen den Wolf als natürlichen Feind nicht. Und die Wölfe haben noch nie gejagt.

Jeder von ihnen ist im Alter von wenigen Wochen zu den Vogelsangs gekommen. Mehrere Dutzend Wölfe hat das Ehepaar bis jetzt aufgezogen. Mit den ersten Welpen sei es um sie geschehen gewesen, berichtet Birgit Vogelsang. Gut 15 Jahre ist das jetzt her. Vorher hatte sie die Wolfsbegeisterung ihres Mannes eher distanziert betrachtet. Der Kfz-Mechaniker las alles über Wölfe, was er fand, sah sich jeden Film an. Eines Tages lernte das Paar einen Tiertrainer kennen, der in Ungarn Wölfe hielt. Von da an fuhren sie in jedem Urlaub hin, halfen beim Aufziehen von Welpen. Aus Ungarn brachten sie irgendwann auch ihre ersten eigenen Wolfsjungen mit.

Als Kfz-Mechaniker und Bankkauffrau arbeiten Matthias und Birgit Vogelsang schon lange nicht mehr. Die Wölfe sind jetzt ihr Leben. Sie sind vermutlich die einzigen Menschen in Deutschland, die Wölfe quasi im Garten halten. Legal jedenfalls. Einen Wolf darf man sich nicht einfach zulegen, man benötigt eine Genehmigung. Um die zu bekommen, muss man ein ›berechtigtes Interesse‹ an der Wolfshaltung nachweisen. Verhaltensforschung und Aufklärungsarbeit, haben Birgit und Matthias Vogelsang angegeben. In einem nahegelegenen Wildgehege leben mehrere von ihnen aufgezogene Wölfe, jeden Tag halten sie oder ihr Mann einen Vortrag für die Besucher, über Biologie und Verhalten der Tiere. Dank der Kooperation mit dem Wildgehege kann das Ehepaar inzwischen von seiner Leidenschaft leben.

Birgit Vogelsang steht am Fenster ihrer großen Küche im ersten Stock des Hauses, von hier kann sie die Wölfe sehen. Die Polarwölfin Claire läuft in schwebendem Trab durch ihr Gehege, das winterbraune Gras lässt ihr Fell noch weißer leuchten. Nebenan liegen zwei braun-graue Timberwölfe, der Kopf des einen ruht auf dem Rücken des anderen, man muss genau hinsehen, um sie vor den blätterlosen Büschen zu erkennen. Sie stehe oft hier, sagt Birgit Vogelsang, und sehe ihnen zu. »Das

Gefühl, das ich dann habe, kann mir nichts anderes geben. So eine Wärme.« Hinter dem Haus saust ihr Hund durch das Gras, ein quirliger Beagle. Und wenn sie ihm zusieht? Das ist anders? »Das ist anders. Die Hunde haben wir Menschen ja zu dem gemacht, was sie sind. Die Wölfe, das ist so etwas Ursprüngliches, Unverfälschtes.«

Darin steckt wahrscheinlich schon die ganze Antwort. Der Grund, warum Menschen wie die Vogelsangs, aber auch die französische Pianistin Hélène Grimaud, der britische Philosoph Mark Rowlands und manche andere einem Gefühl nachgegeben haben, das sie nicht mehr losgelassen hat: Sie wollen ihr Leben mit Wölfen teilen, sie besitzen, ihnen nah sein. Wo etwas unverfälscht ist, muss auch etwas verfälscht sein, künstlich, nicht richtig. Die Wölfe scheinen den Weg zu einer Wahrheit zu weisen, die im normalen Menschenleben verstellt ist. Vielleicht ist die Wahrheit aber auch einfach, dass der Mensch ein Gefäß braucht, das seine Sehnsüchte aufnimmt. Und der Wolf sich dafür ebenso eignet wie zuvor als Bösewicht.

Urlaub machen Vogelsangs schon seit Jahren nicht mehr. Wölfe kann man nicht einfach in die Obhut von jemand anderem geben. Es ist eine tägliche Verpflichtung daraus erwachsen, die wenige Tage alten Tiere aus dem Erdloch, in dem sie geboren wurden, in ein niedersächsisches Wohnzimmer gebracht zu haben. Da gewesen zu sein, als sie mit drei Wochen die Augen öffneten und nicht anders konnten, als die felllosen Wesen, die ihnen alle paar Stunden eine Flasche mit Milch hinhielten, fortan für so etwas wie Eltern und Rudelmitglieder zu halten. Liest man Erfahrungsberichte über von Hand aufgezogene Wölfe, bekommt man den Eindruck eines Daseins im fragilen Gleichgewicht. Die Bindung zu dem vertrauten Menschen bleibt, aber sie muss täglich erneuert und überprüft werden. Der Wolfsforscher Erik Zimen hat nüchtern beschrieben, wie seine geliebte Wölfin Anfa ihm gegenüber mit zwei Jahren, dem Beginn der Geschlechtsreife, aggressiv wurde und er von einem Tag auf den anderen aufhörte, ihren Zwinger zu betreten. Auch die Stimmung unter den Tieren muss täglich erfühlt werden, die Kämpfe um die Rangordnung können im Gehege tödlich enden. Es ist schwierig, mehr als drei Wölfe gemeinsam zu halten. Sie sind Zwischenwesen, das Rüstzeug für ein Leben in Freiheit haben sie nicht bekommen, zahm sind sie auch nicht. Wölfe zu besitzen, scheint eine Verlockung zu sein, die zwiespältige Gefühle hinterlässt. David Mech, Amerikas bekanntester Wolfsforscher, hat sich im Vorwort seines 1970 erschienenen Standardwerks *The Wolf* bei dem Wolf entschuldigt, den er als Haustier hielt. Barry Lopez, der in den frühen Achtzigerjahren ein wegweisendes Buch über das Verhältnis von Wolf und Mensch schrieb, notierte in der Schlussbetrachtung, dass er in naiver Weise zwei Wölfe aufgezogen habe, es aber nie wieder tun würde.

Birgit Vogelsang überlegt. Die Frage war, ob sie auch manchmal Zweifel hat, das Gefühl, mehr für sich zu tun als für die Tiere. Dann sagt sie, dass all ihre Wölfe in Zoos oder Wildgehegen zur Welt gekommen seien und sie ihnen unter den möglichen Leben in Gefangenschaft, die sie erwartet hätten, ein besonders gutes bieten wollten. Dass ihr immer bewusst sei, dass ihr Lebensprojekt eine Gratwanderung sei. Und die Tiere in ihrem Garten Raubtiere.

Sie steckt sich ein paar Stücke luftgetrockneten Fleisches in die Tasche, geht nach draußen und öffnet die Tür zum Gehege von Claire, der Polarwölfin. Die steht schon ganz dicht am Zaun, das Fell locker und weiß wie Pulverschnee, sie drängt sich an die Beine von Birgit Vogelsang, springt hoch, drückt die Schnauze in ihr Gesicht. Falls Wölfe freudige Aufregung spüren können, so sieht sie aus.

Man müsse in sich ruhen, sagt Birgit Vogelsang, die diesen Eindruck durchaus erweckt. Wachsam sein, die Tiere lesen. Es gebe Tage, da gehe sie nicht in die Gehege, da merke sie, dass ihr das innere Gleichgewicht fehlt. Die Tiere hätten sie achtsamer gemacht. Sie mag die Klarheit der Signale, die das Zusammensein im Rudel regeln. »Wölfe sind immer ehrlich.« Es schwingt mit: im Gegensatz zu Menschen.

Als es dämmert, beginnt es draußen wieder zu heulen, wenig später kommt Matthias Vogelsang in die Küche. Er war an diesem Tag im Wildgehege, hat sich um die Wölfe dort gekümmert und den täglichen Vortrag für die Besucher gehalten. Vogelsang ist ein kräftiger Mann mit ungestümem Haar, man kann ihn sich auch gut auf einem Motorrad vorstellen oder in einem Segelboot auf rauer See. Zuerst hat er nicht richtig Lust, über sich und die Wölfe zu sprechen, dann tut er es doch. Die Seele, sagt er und drückt die Hand über der Brust zusammen, man müsse die Seele des Wolfes spüren, wenn man sich den Tieren wirklich aussetzen wolle. Müsse denken wie ein Wolf. Sich auf ihn einlassen, dann zeige er einem alles, jede Stimmung, jeden sich anbahnenden Konflikt. »Das können aber weltweit nur ein paar Leute.« Und er ist einer davon? Matthias Vogelsang zögert kurz. »Ich bin täglich dabei, es zu lernen.« Denken wie ein

Wolf, das geht für ihn einher mit einem körperlichen Wolfwerden. Wenn er Welpen füttert, steckt er sich manchmal kleine Fleischstücke in den Mund und lässt sie dann mit einem kehligen Geräusch herausfallen. Weil Wölfe für ihren Nachwuchs auch Fleisch wieder hochwürgen. Älteren Tieren entreißt er schon mal ein Stück Fleisch, das sie fressen wollen, als ob er ein Vorrecht darauf hätte. Eine Maßnahme, um den ranghöchsten Tieren immer auf Augenhöhe begegnen zu können.

Nun wird ein Mann, der so tut, als ob er Fleisch hochwürgt, kein Wolf. Er bleibt ein Mann, der so tut, als ob er Fleisch hochwürgt. Aber er ist noch einen Schritt weitergegangen, hin zu den Wölfen, die eine Antwort bereitzuhalten scheinen – nur worauf? Er habe wohl etwas vom Wolf in sich, sagt Matthias Vogelsang, und genau so drückt sich Hélène Grimaud aus, wenn sie erklärt, was sie den Besuchern ihres Wolf Center im US-Staat New York ermöglichen will: sie mit dem Wolf in sich in Verbindung zu bringen.

Der innere Wolf als ein Schatz, den es zu heben gilt, als Verbindung zu einem wahrhaftigeren, intuitiveren Miteinander, zur Natur selbst. Es ist eine erstaunliche Umdeutung zum Sinnstifter, die dem Wolf da widerfährt. Der Mensch des frühen 21. Jahrhunderts scheint empfänglich für solche Versprechen, vielleicht sind Menschen wie die Vogelsangs oder Hélène Grimaud nur besonders radikale Protagonisten eines Bedürfnisses, für das der Soziobiologe Edward O. Wilson den Begriff Biophilie gefunden hat: den uns eigenen Drang zur Natur, dem nachzugeben wichtig sei, weil der Mensch – in der Natur zu dem geworden, was er heute ist, aber scheinbar immer unabhängiger von ihr – sonst verkümmere.

Sehnsucht nach dem fremden, wilden Tier kannten die Menschen auch in den Zwanzigerjahren des vorigen Jahrhunderts. Alfred Kowalski Wierusz' Einsamer Wolf *war damals einer der beliebtesten Kunstdrucke.*

Es kann allerdings passieren, dass der Wolf, der diese rettende Verbindung darstellt, wieder vor allem für den Menschen da ist. Es ist eine andere Bürde als die Stilisierung zum Untier, sie wirkt sich für ihn auch weniger tödlich aus. Aber sie macht ihn einmal mehr zum Empfänger unserer Fantasien, zum Vehikel einer Sehnsucht, die die Wände des Alltags abklopft und nach einer durchlässigen Stelle sucht, die einen Raum dahinter eröffnet – hinter dem Leben als Kfz-Meister, als Bankkauffrau, oder als Pianistin.

Hélène Grimaud hat 1997 in South Salem ein Haus gekauft und daneben Gehege bauen lassen. Dort leben ihre Mexikanischen Wölfe, eine besonders gefährdete Unterart. Die Entscheidung, die Tiere neben der Musik zu ihrem zweiten Lebensmittelpunkt zu machen, fiel nach einer zufälligen Begegnung: »Ich streckte nur die Finger aus, und von ganz allein schmiegte sie ihren Kopf und dann ihr Schulterblatt an meine Handfläche. In diesem Augenblick spürte ich einen stechenden Funken, eine Entladung im ganzen Körper, einen einzigartigen Kontakt, der meinen ganzen Arm und meine Brust bestrahlte und mich mit einem sanften Gefühl erfüllte. Nur mit einem sanften Gefühl? Ja, in seiner ganzen Unausweichlichkeit, und es ließ einen geheimnisvollen Gesang in mir aufsteigen, den Ruf einer unbekannten und ursprünglichen Kraft.«[1]

Was in einem erotischen Roman jederzeit als diskrete Beschreibung einer Liebesszene durchgehen könnte, ist Hélène Grimauds erstes Zusammentreffen mit einer Wölfin. Es passierte in Tallahassee in Florida, Grimaud, damals Mitte zwanzig, ging abends spazieren, als ihr ein Mann mit einem Tier entgegenkam, einem Hund ähnlich, und doch anders. Das sei eine Wölfin, sagte der Mann, und so zutraulich sei sie sonst nie. Grimaud erzählt die Annäherung des Tiers als Eroberung, in Sekunden ist es um sie geschehen. Wie es sich bei einer wahren Liebesgeschichte gehört, kommt zu der körperlichen die geistige Erfüllung: das Gefühl, vervollständigt zu werden, endlich ganz zu sein, wo vorher eine Lücke klaffte. In den ersten zwei Dritteln des autobiografischen Buchs *Wolfssonate* hat sich Grimaud als ruhelosen Geist skizziert, unbehaust, suchend. Ihre erste Rettung ist die Musik. Ihre zweite die Wölfe. Die »ursprüngliche Kraft«, deren Sog sie in jener Nacht spürt, ist die Natur selbst, oder Grimauds Sehnsucht danach: das Versprechen auf Heilung an einem Ort, der von nun an da ist, wo Alawa ist, die Wölfin. Und später Grimauds eigene Tiere. In ihrem Wolf Center kann sich die Pianistin »endlich zu Hause« fühlen, als Teil der Natur, jenes »gigantischen Ort[es] des Keimens der Musik, die die andere Sprache ist, die Inkubation der Musik im Gesang der Vögel, das Rauschen des Windes in den großen Ulmen und am Abend das Heulen der Wölfe, die mich im Mondlicht rufen, so dass ich Lust bekomme, zu laufen und mich im Schnee mit ihnen zu schütteln.«[2]

Die Musik, die Natur, die Wölfe, alles verschmilzt, es ist, wie die erste nächtliche Berührung, ein berauschendes Einswerden. Hélène Grimaud, die in der Musik vor allem die Romantiker liebt, lebt auch eine durch und durch romantische Naturerfahrung. Die fiebrige Sensibilität, der tiefe Ernst, der Drang nach einem entgrenzenden Erlebnis scheinen direkt aus dem 19. Jahrhundert zu kommen, man kann sie bestaunen wie einen Gast aus jener Zeit. Auf einen distanzierenden, augenzwinkernden Blick wartet man vergebens, Distanz hieße innehalten, dem überschießenden Gefühl Einhalt gebieten. Doch Hélène Grimaud verschreibt sich den Wölfen ebenso rückhaltlos wie der Musik, sie will mit ihnen leben, sie retten, und dabei auch sich.

Das verfolgte, verkannte Tier wird immer mitgedacht, es macht die Identifikation erst vollständig. Grimaud streut in ihrem Buch die Folklore ein, die den Wolf zum bösen Wesen gestempelt hat, Werwölfe, auf Wölfen reitende Hexen, sie beschreibt die unerbittlichen Wolfsjagden früherer Jahrhunder-

Der Rotwolf, hier gezeichnet vom legendären Vogelmaler John James Audubon, ist genaugenommen kein Wolf, sondern eine eigene, eng verwandte Art.

te. Sie, die sich ihr Leben lang als Außenseiterin gefühlt hat, wird zur Verbündeten eines Tieres mit dem gleichen Schicksal.

Indem sie den Fall zweier Kinder erzählt, die in den Zwanzigerjahren in Indien in einem Wolfsbau gefunden worden sein sollen, und ihn für glaubwürdig erklärt, knüpft sie zudem an ein Wolfsbild an, das sich gegen dasjenige vom bösen Wolf immer weniger behaupten konnte: das des nährenden, fürsorglichen Tiers, wie es zum Beispiel in der Sage von Romulus und Remus auftritt, den als Babys ausgesetzten, von einer Wölfin gesäugten späteren Gründern Roms.

Eine andere, ebenfalls weibliche Stimme schwingt mit, wenn Hélène Grimaud über Wölfe schreibt: die von Clarissa Pinkola Estés, einer Psychotherapeutin, der 1993 mit *Wolfsfrau* ein Überraschungserfolg gelungen ist. Auch Grimaud hat das Buch gelesen, das es, von den Rezensenten unbeachtet, dennoch auf die Bestsellerliste der *New York Times* schaffte, wo es sich drei Jahre hielt. Frauen fühlten sich offenbar angesprochen von der Aufforderung, die Wölfin in sich zu finden, also das wilde, freie, sensible Wesen, das von den Erwartungen einer männlich dominierten Gesellschaft gezähmt wurde. Frauen und Wölfinnen – das ist die These, die das Buch über 500 Seiten bemüht – haben Gemeinsamkeiten, nicht nur im starken, fürsorglichen, intuitiven Charakter, auch in dem Unrecht, das ihnen angetan wurde.

Was Pinkola Estés schreibt, hat wenig mit Wölfen zu tun und viel mit dem Wunsch, eine Idee zu schaffen, vor der ihr Frauenbild Kontur gewinnt. *Wolfsfrau* zeigt, welches Risiko darin stecken kann, Wölfe zur Projektionsfläche eigenen Verlangens zu machen: Alte Stereotype werden durch neue ersetzt; aus dem bösen wird das edle Tier. Der echte Wolf wird von beiden gleichermaßen verdeckt.

Inzwischen glaubt Hélène Grimaud offenbar, dass Alawa, das Tier, das sie bewogen hat, ihr Leben zu ändern, keine echte Wölfin war, sondern eine Mischung aus Wolf und Hund.[3] Da geht es ihr wie einem anderen vermeintlichen Wolfsbesitzer, dem britischen Philosophen Mark Rowlands, der über seine elf Jahre mit Brenin, so der Name des Tiers, das Buch *Der Philosoph und der Wolf* geschrieben hat – nichts weniger als eine vom Alltag mit Brenin inspirierte Anleitung zum besseren Leben. Im Buch erweckt Rowlands noch den Eindruck, in Brenin stecke kein Hundeanteil, das hätte der Besitzer von dessen Eltern nur vorgetäuscht, um den Verkauf des Welpen legal erscheinen zu lassen. Auf seiner Homepage nennt er Brenin, der schon lange tot ist, inzwischen einen Wolf-Hund[4].

Es ist gar nicht wichtig, ob Grimaud und Rowlands ihre lebensverändernden Erlebnisse mit einem echten Wolf hatten. Wichtig ist, dass beide es offenbar glaubten, es glauben mussten. Nur ein ›Wolf‹ konnte jene Seite in ihnen zum Klingen bringen. Ein Hund hätte das ebenso wenig geschafft wie ein Meerschweinchen oder ein Wellensittich. Es brauchte den Resonanzraum der Geschichten und Bedeutungszuschreibungen und das Gefühl, ein ›wildes‹ Tier vor sich zu haben – eines, das nicht durch Domestikation handhabbar gemacht wurde, das dabei aber erstaunliche Gemeinsamkeit mit dem menschlichen Sozialleben aufweist. Auch deswegen kann der Wolf seit einiger Zeit die neue Rolle als Wegweiser in ein unverstellteres, naturverbundeneres Leben so umstandslos einnehmen: Vorbereitet durch die Wissenschaft tritt das soziale Tier in den Fokus. Der Wolfsforscher Kurt Kotrschal glaubt, dass kein Tier, auch nicht der Schimpanse, dem Menschen in seinem Gruppenverhalten so ähnlich ist wie der Wolf: untereinander differenziert kommunizierend, kooperativ in der Gemeinschaft, wehrhaft nach außen, ein Leben in einem ›Wir und die anderen‹-System.

Der vergleichende Blick auf Primaten und Wölfe zieht sich auch durch Mark Rowlands' Buch, wobei die Menschenaffen – der Mensch eingeschlossen – reichlich schlecht abschneiden: Lügen, Intrigen, Betrug, der Preis der Intelligenz. »Was es bedeutet, ein Mensch zu sein, das lernte ich von einem Wolf«[5]

ist der Schlüsselsatz des Buches. Auch hier wartet zum Glück der innere Wolf, »der Wolf, der wir einst waren«,[6] – gemeint ist, evolutionsgeschichtlich nicht ganz logisch, der Zustand, bevor wir den unseligen Weg der Primaten eingeschlagen haben. Ihn gilt es wiederzufinden, also sich auf die Dinge zu besinnen, die Rowlands seinem Wolf oder Wolf-Hund abgeschaut haben will: Loyalität statt Berechnung; ein Leben, das um das Sein kreist und nicht um das Haben, und sogar die Erkenntnis, dass am Ende nicht die glücklichsten Momente zählen, sondern die, in denen man dem Schicksal mit einer Art selbstbewusstem Schulterzucken begegnet. Das Pathos der Selbstverbesserung wird im Buch wohltuend gebrochen durch einen selbstkritischen Blick auf den jungen Mann, der die Gesellschaft eines Wolfs oder Wolf-Hundes der von Menschen vorzog – Rowlands schrieb sein Buch über zehn Jahre nach Brenins Tod, mit Mitte vierzig –, und auf den Irrsinn des Lebens mit einem solchen Tier, auch in Hinblick auf den Zustand der eigenen Wohnungseinrichtung.

Und von noch etwas erzählt Mark Rowlands' Buch, wenn auch eher unbeabsichtigt: was nämlich jenen Primaten, den er zuweilen so unsympathisch findet, auch so einzigartig macht – sein nie endender Drang zur Sinnsuche, der die Antwort auf seine Fragen sogar einem von all dem nichts ahnenden Tier abtrotzt.

Eine Spur im Schnee scheint diese Wölfe in Aufregung zu versetzen. Tatsächlich hilft Wölfen eher ihre Nase, Beute zu finden.

SMS von der Wölfin: *Zusammenleben mit einem Raubtier*

Um 19 Uhr, es war schon dunkel, begann für die Wölfin der Tag. Sie lief mit ihrem Rudel los Richtung Süden, quer durch den Wald, in dem sie die hellen Stunden verschlafen hatte. Ließ links Niesky liegen, eine Lausitzer Kreisstadt, die stolz auf ihre historischen Holzbauten ist. Weiter über ein paar Felder, die Bundesstraße Richtung Görlitz überquert, dann wieder hinein in den Wald. Vorbei an der Talsperre Quitzdorf, die früher mal das Kühlwasserreservoir für ein Braunkohlekraftwerk war und nun als Surf- und Badesee eine neue Bestimmung sucht. Ein Schlenker nach Westen: In einem Waldstück nördlich der Autobahn A4 reißen die Wölfe gegen 23 Uhr einen Damhirsch. Nach dem Mahl ruht das Rudel. Erst gegen 3 Uhr morgens geht es weiter, noch ein paar Stunden, dann, gegen 7, in einen Unterschlupf im Wald. Ende des Wolfstages.

Menschen ist die Wölfin vermutlich nicht begegnet. Sie selbst hat Auskunft über ihren Weg in jener Nacht im Januar 2015 gegeben oder vielmehr: das Plastikband um ihren Hals. Jede halbe Stunde funkte die SIM-Karte darin ihren Standort. Die Wölfin teilte quasi per SMS mit, wo sie war. Die Daten kamen in einem Computer in einem geräumigen Haus im sächsischen Spreewitz an. Früher war es das Wohnhaus des Pfarrers, aber seit der Ort keinen eigenen Geistlichen mehr hat, arbeiten hier die Biologinnen des Lupus-Instituts für Wolfsmonitoring und -forschung. Eine Art Informationssammelstelle, beauftragt vom Bundesland Sachsen, in dem Ende der Neunzigerjahre die Rückkehr der Wölfe nach Deutschland begann.

Die Telemetrie ist die aufschlussreichste, aber auch aufwendigste Art der Spurensuche. Denn sonst zeigt sich der Wolf fast immer nur über seine Spuren: Trittsiegel im Schnee, Losungen, ein von einer Fotofalle geschossenes Bild, ein paar von der Mahlzeit übriggebliebene Rehknochen. Dann und wann auch ein gerissenes Schaf. Er ist immer schon wieder weg, es bleiben unzusammenhängende Hinterlassenschaften, Pinselstriche, die sich nur mit Mühe zu einem Bild fügen lassen: Wie viele Wolfsrudel gibt es in der Gegend, wie groß sind sie, wo liegt ihr Revier, von welchen Tieren ernähren sie sich?

Die vom Halsband gefunkten Zahlenkolonnen dagegen werden mit ein paar Mausklicks auf dem Bildschirm zu Punkten auf einer Landkarte. Eine Art Malen nach Zahlen, man muss sich mit Wölfen auskennen, um das Bild zu sehen, zu dem sich die Punkte verbinden lassen. Dann aber ist es von berückender Klarheit. Ilka Reinhardt kennt sich mit Wölfen aus: Seit das Lupus Institut 2003 gegründet wurde, arbeitet sie hier. Ihre Kollegin und sie sind so etwas wie Deutschlands Wolfsrückkehrexpertinnen geworden, sie waren von Anfang an dabei, und die meisten Rudel gibt es weiterhin in Sachsen. Ihre Erfahrung ist gefragt, in sechs Bundesländern leben bereits wieder Wölfe, andere, wie Baden-Württemberg oder Nordrhein-Westfalen, gelten als Wolferwartungsland, wobei die Erwartung nicht immer so freudig ist, wie das Wort klingt.

Ilka Reinhardt lässt auf dem Bildschirm eine Karte der Region erscheinen, deren rechte Hälfte übersät ist mit gelben Punkten: alle Daten, die die Wölfin gefunkt hat, seit sie vor ein-

einhalb Jahren in eine Fußfalle lief, betäubt wurde und mit einem Sender um den Hals wieder aufwachte. Auf der Karte wird sichtbar, was sonst verborgen bleibt. Deutlich ist die Eiform des Reviers zu erkennen, etwa 30 Kilometer lang. Ilka Reinhardt weiß, dass die Wölfe dort, wo die Autobahn A4 im Tunnel verschwindet, diese auch gern mal überqueren. Sie weiß, wann und wo Greta, so haben sie die Wölfin getauft, Junge bekommen hat; gemerkt hat es Ilka Reinhardt, als im Mai plötzlich die Signale ausblieben: Bis in die Wurfhöhle reichte das Mobilfunknetz nicht. Dass sie manchmal sogar weiß, was für ein Tier das Rudel in der Nacht zuvor erjagt hat, liegt daran, dass sie am Morgen zu der Stelle fährt, an der sich, wie das Halsband gefunkt hat, die Wölfe lange aufgehalten haben. Zuverlässig findet ihr Hund Jacques, ein mächtiger Weimaraner, die Reste der Beute. Auch wenn es nur ein paar Haare sind. Wölfe können gründliche Esser sein.

Über die gelben Punkte auf der Karte haben sich die Wölfin und ihr Rudel in die Landschaft eingeschrieben. Ihr Leben legt sich über das der Menschen, dessen Spuren die Karte ebenso verzeichnet – ihre Autobahnen, ihre Badeseen, ihre Ausflugsorte, ihre Städte. Die Landkarte auf dem Computerbildschirm ist das Dokument eines ehrgeizigen und nie da gewesenen Projekts, dem sich nicht wenige Länder verschrieben haben: Der Wolf darf jetzt, gesetzlich abgesegnet, einfach sein.

In der BRD ist das seit 1980 so, da wurde er im Bundesnaturschutzgesetz zur besonders geschützten Art erklärt. Allerdings gab es erst mal nichts zu schützen – der Wolf galt als ausgerottet, und hin und wieder von Polen einwandernde Tiere kamen in der DDR an, wo sie erschossen wurden. Seit der Wiedervereinigung gilt das Bundesnaturschutzgesetz auch auf dem Gebiet der ehemaligen DDR. Und wenig später kamen sie.

Seit 1996 sind sie wieder da in Deutschland, nicht nur in ihrem alten Lebensraum, auch im Gefühlsraum der Menschen. Schäfer beschwören, dass sie der letzte Nagel im Sarg ihrer ohnehin kaum ein Auskommen bietenden Schäferexistenz sind. Jäger sind überzeugt, dass sie ihnen das Wild wegfressen, das außerdem sein Verhalten in aus Jägersicht ungünstiger Weise ändere und scheuer werde. Menschen fragen sich, ob es jetzt gefährlich ist, im Wald spazieren zu gehen. Immer wieder werden geschossene Wölfe gefunden, manchmal enthauptet, ein Wolfsschädel taugt offenbar immer noch als Trophäe. Es ist eine Kampfansage. Aber das ist nur die eine Seite. Die andere sind Stadtmenschen, die sich im Spurenlesen schulen lassen und am Wochenende in Wolfsreviere fahren, um dem unsichtbaren Rudel nah zu sein. Wolfsheulabende in Wildgehegen, die regelmäßig ausgebucht sind. Umfragen, die besagen: Die meisten Menschen finden es gut, dass es in Deutschland wieder Wölfe gibt.

Das Land, das sie verlassen haben, hatte nur Hass übrig für Wölfe. In dem Land, in das sie zurückgekehrt sind, sind zu den alten Einstellungen neue gekommen. Weil klar war, dass es kompliziert wird, wenn sich ein Beutegreifer wieder an die Spitze der Nahrungskette setzt, noch dazu einer mit einem jahrhundertealten Imageproblem, hat sich gleich nach Sichtung der ersten Wölfe eine Maschinerie namens Wildtier-Management in Bewegung gesetzt: Damit das Wilde unbehelligt wild sein kann, wird es gezählt, beobachtet, vermessen, verwaltet.

In Spreewitz passiert das ›Monitoring‹ für Sachsen, dort

Einen Welpen scheint dieser Wolf behutsam im Maul zu tragen. Doch hinten nahen schon die Jäger.

werden alle Informationen über Größe, Verbreitung und Verhalten der Rudel gesammelt. 70 Kilometer entfernt, in einem Institutsgebäude in Görlitz, stapeln sich in Plastikschalen Hunderte Proben Wolfskot – die sich darin befindenden Haare und Knochenstücke geben unterm Mikroskop Aufschluss darüber, welches Tier der Wolf verdaut hat. Sehr oft sind es Rehhaare. Sehr selten welche vom Schaf. Die mehrere Tausend Proben, die in den vergangenen Jahren am Senckenberg Forschungsinstitut in Görlitz untersucht wurden, haben gezeigt, dass 96 Prozent der Wolfsnahrung aus wilden Huftieren, also Rehen, Hirschen und Wildschweinen besteht. Und nur 0,6 Prozent aus Schafen und anderen Nutztieren.

0,6 Prozent – es ist eine Zahl, die die »Koordinatoren für Schadensmanagement und Prävention« wahrscheinlich manchmal noch im Schlaf beschwörend vor sich hin murmeln. Die Menschen mit diesem einprägsamen Titel gibt es in jedem Bundesland, in dem wieder Wölfe leben. Sie sind so etwas wie die vermittelnde Schnittstelle zwischen Mensch und Wolf: Sie wissen um das Feingefühl, mit dem man einem Schäfer gegenübertreten muss, der gerade die Reste eines oder mehrerer seiner Tiere auf der Weide gefunden hat. Sie haben gelernt, einen Wolfsriss zu erkennen und von dem eines Hundes zu unterscheiden: am sauberen Biss in den Hals zum Beispiel, der von außen fast harmlos aussieht, unter der Haut aber massive Blutungen verursacht.

Sie haben die Formulare in der Tasche, mit denen Schadenersatz verlangt werden kann, und wissen gleichzeitig, dass der finanzielle Verlust nur ein Teil des Problems ist. In Informationsveranstaltungen erläutern sie, wie man Nutztiere mit Zäunen vor Wolfsangriffen schützt und dass sich die Wölfe nicht unbegrenzt vermehren werden, schon weil jedes Rudel so viel Platz für sich beansprucht. Und auf die häufige Frage, was man denn tun soll, wenn man einem Wolf begegnet, erklären sie, dass dann mit großer Wahrscheinlichkeit der Wolf derjenige ist, der sich sehr schnell zurückzieht. Dass man aber, tut er das nicht, nicht wegrennen, sondern stehen bleiben und Abstand halten oder, behagt einem die Situation nicht, langsam rückwärts gehen und dabei laut sprechen soll. Geduldig wiederholen sie Zahlen und Fakten, die beweisen sollen: Die Angst vor dem Wolf ist größer als die Probleme, die er macht.

»Wildtiermanagement ist vergleichsweise einfach«, hat ein Mann namens Aldo Leopold vor etwa achtzig Jahren gesagt. »Die Menschen zu managen ist das Schwere.«[1] Der amerikanische Forstwissenschaftler Leopold gilt als der Begründer des Wildtiermanagements, also des Versuchs, die Bedürfnisse wildlebender Tiere mit denen der Menschen in Einklang zu bringen. Was ihn vor allem in den USA bis heute zu einer Ikone des Umweltschutzes macht, sind die Aufsätze, in denen er seinen Blick auf die Natur in poetische, kraftvolle Worte gefasst hat – und es ist kein Zufall, dass im Zentrum seines berühmtesten Textes ein Wolf steht. In *Thinking like a mountain* beschreibt Leopold, wie er einmal an einem Flussufer auf eine Wölfin und ihre Jungen schoss – er war jung, der Finger am Abzug saß locker und sowieso war er der Meinung, dass Wölfe beseitigt gehören. Als er näherkam, um sein Werk anzusehen, sah er der tödlich verletzten Wölfin in die Augen, in denen ein »wildes grünes Feuer« langsam erlosch. Etwas passierte mit ihm. »Ich war damals jung und schießwütig«, schreibt Leopold. »Ich dachte, weil weniger Wölfe mehr Wild bedeuten, müssten gar keine Wölfe ein Paradies für Jäger bedeuten. Aber nachdem ich das grüne Feuer hatte sterben sehen, spürte ich, dass weder der Wolf noch der Berg da zustimmten.«[2]

Ein Funke des Feuers war übergesprungen und glomm im Herzen Aldo Leopolds offenbar lange Zeit vor sich hin – es sollte fast vierzig Jahre dauern, bis er mithilfe dieser persönlichen Erweckungsgeschichte ein Naturverständnis formulierte, das ihn zum Vordenker ökologischer Bewegungen machte. Der Mensch nicht als Eroberer, sondern als schlichtes Mitglied einer natürlichen Ordnung, die sich selbst in Balance hält. Der

Wolf, stellvertretend für alle Raubtiere, ist nicht mehr Störfaktor, sondern Pfeiler dieser Ordnung, und die Instanz, die das Wissen darum in sich trägt, ist nicht etwa der Mensch, sondern die Natur: »Vielleicht hat nur der Berg lang genug gelebt, um dem Heulen der Wölfe unvoreingenommen zuzuhören«.[3] Der Wolf hat ein Recht zu leben und mehr als das: Ohne ihn geriete die Balance ins Wanken. Wildtiermanagement wird so zur Verpflichtung für den Menschen.

Aldo Leopold war ein einsamer Mahner, die Welt brauchte noch eine Weile, bis sie für eine solche Einsicht bereit war. Bis sich das Bewusstsein durchsetzte, dass Wachstum und Wohlstand, ohnehin nur einem Teil der Menschheit zugänglich, einen hohen Preis haben. Dass in den nächsten ein bis zwei Jahrhunderten 30 bis 50 Prozent aller Arten aussterben könnten.

Damals neu, gehören Gedanken wie die von Aldo Leopold heute zum Kern ökologischen Denkens. Pragmatischer und menschenbezogener formuliert stehen sie in etwa auch in der Präambel der Berner Konvention, die ihre Existenz mit der Erkenntnis begründet, »dass wildlebende Pflanzen und Tiere ein Naturerbe von ästhetischem, wissenschaftlichem, kulturellem, erholungsbezogenem, wirtschaftlichem und ideellem Wert darstellen, das erhalten und an künftige Generationen weitergegeben werden muss«. Der Wolf findet sich in Anhang zwei dieses 1979 verabschiedeten völkerrechtlichen Vertrags, zusammen mit 710 anderen Tieren, die ›streng geschützt‹ sind, was bedeutet, dass sie weder gestört noch gefangen werden dürfen, dass man sie weder töten noch mit ihnen handeln darf. Er steht da zwischen Arten wie dem Wiesenknopf-Ameisenbläuling und dem Fischotter, und was ihn von diesen unter-

Was sieht der Wolf? Und was der Mensch, der den Wolf ansieht?
Mondlicht, Wolf *von Frederic Remington (ca. 1909).*

scheidet, ist die Herausforderung, die er mit sich bringt – nicht nur für die, die finden, dass die Welt ganz gut ohne Wölfe auskäme. Es ist einfach, dem Wiesenknopf-Ameisenbläuling das Überleben zu wünschen, einem zarten, bräunlich schillernden Schmetterling.

Der Wolf verlangt uns etwas anderes ab: Er verweigert sich der Eindeutigkeit, mit der der Mensch die Natur seit jeher belegen möchte. Nie war das Wissen über ihn größer als heute, da ihn die Technik aus dem Dunkel der Nacht und der Wälder ans Licht holen kann, mit Sendern, Flugzeugen, Kameras. Es wäre also der Moment, das Tier da draußen dem Tier in unserer Vorstellung anzunähern. Doch die Herausforderung scheint fast zu groß. Wir können nicht anders, als der Natur gegenüber Gefühle zu haben, sagt der amerikanische Ökologe Stephen R. Kellert,[4] das ist Teil der Biophilie, der unwillkürlichen und für ein erfülltes Leben nötigen Verbindung des Menschen mit seiner natürlichen Umwelt – wozu ästhetischer Gewinn und Zuneigung ebenso gehören wie Angst und Ablehnung.

Ambivalenz scheinen diese Gefühle allerdings selten zuzulassen. Für die einen ist der Wolf weiterhin der Unhold, der bekämpft werden muss; für andere ein Symbol bedrohter Wildnis, und mehr als das: geradezu eine noble Erscheinung.

Eindeutigkeit wäre jetzt in der Tat praktisch, sie würde vieles einfacher machen. Fakten würden zu Argumenten gegenüber denen, die die Anwesenheit der Wölfe mit Skepsis sehen. Wenn in einer Informationsveranstaltung jemand fragt, ob er jetzt Angst haben muss im Wald, wäre es hilfreich, sagen zu können, dass Wölfe noch nie einen Menschen angegriffen haben. Es würde aber nicht stimmen. Die gründlichste Untersuchung zu dem Thema hat 2002 das Norwegische Institut für Naturforschung veröffentlicht, Hunderte Berichte über Wolfsangriffe seit dem 16. Jahrhundert wurden auf ihre Glaubwürdigkeit hin untersucht.[5] Das Ergebnis lautet, dass Wölfe Menschen eigentlich nicht als Beute sehen, es aber vorgekommen ist, dass sie Menschen töten. Meist waren die Wölfe tollwütig, manchmal nicht. Was es jedoch immer gab, ist eine Art Vorgeschichte. Zeiten, in denen wenig natürliche Beute zur Verfügung stand, die Tiere sich daran gewöhnten, sich Siedlungen zu nähern, sich von Abfällen und Nutztieren zu ernähren und die Scheu vor Menschen verloren. In ganz Europa sind seit 1950 neun tödliche Angriffe bekannt geworden. Vier davon von nichttollwütigen Wölfen.

Die Antwort auf die Frage nach dem Waldspaziergang müsste also heißen: Manchmal töten Wölfe Menschen. Es ist trotzdem sicher, im Wald spazieren zu gehen. Mehr Eindeutigkeit ist nicht zu haben.

Es wäre ebenfalls hilfreich, argumentieren zu können, dass der Wolf geradezu unabdinglich ist für das Gleichgewicht eines Ökosystems. Eine solche Geschichte wurde in den USA in den vergangenen Jahren immer wieder erzählt, und sie wird es noch, so unwiderstehlich ist sie: Darin heilen die Wölfe gewissermaßen den Yellowstone Nationalpark, in dem sie 1995 nach hundertjähriger Abwesenheit wieder angesiedelt wurden – sie bringen ihn zum Erblühen, sie sorgen dafür, dass Singvögel und Biber wiederkommen. Und alles nur, weil sie die im Übermaß vorkommenden Elche jagen, die wiederum bestimmte Pflanzen fressen, die wiederum anderen Arten als Nahrung dienen. Die bestechende Theorie der trophischen Kaskaden, dass Beutegreifer also auch Arten beeinflussen, zu denen sie keine direkte Verbindung haben, lässt sich in diesem Fall allerdings doch nicht bruchlos aufrechterhalten, wie jüngere Untersuchungen gezeigt haben.[6] Es ist in etwa so wie mit der Frage, ob Wölfe vor allem schwächere Tiere als Beute wählen und so für einen gesünderen Genpool etwa des Wildbestandes sorgen. Die Tendenz gibt es – für eine entschiedenere Aussage fehlen der Wissenschaft die Nachweise.

Es funktioniert also nicht, die Existenzberechtigung der Wölfe an ihre Harmlosigkeit, ihren ökologischen Nutzen oder gar ihr edles Wesen zu knüpfen. Jeder Versuch hieße, den Wolf einmal mehr in eine anthropozentrische Perspektive zu zwingen und auszuklammern, was stört.

Etwa die für uns irritierenden Verhaltensweisen, die Wölfe bei der Jagd zuweilen pflegen. Es kommt zum Beispiel vor, dass ein Rudel mehr Tiere tötet, als es fressen kann. In Kanada fanden Wissenschaftler 34 Kadaver von Karibu-Kälbern, manche angefressen, manche einfach nur totgebissen, wohl innerhalb von Minuten.[7] Was auf Menschen wie ungezügelte Mordlust wirken muss, beruht vermutlich auf dem für das Überleben meist sinnvollen Impuls, sich Beute dann zu holen, wenn die Gelegenheit sich bietet. In seltenen Fällen allerdings findet dieser Jagdimpuls kein Ende.

Der Biologe Hans Kruuk, der für dieses bei vielen Beutegreifern vorkommende Verhalten den Begriff ›surplus killing‹[8], überzähliges Töten, geprägt hat, glaubt, dass der Mensch von Raubtieren deswegen fasziniert ist, weil er, evolutionsgeschichtlich selbst Jäger, sich für die Mechanismen der Jagd begeistert und als potenzielles Opfer gleichzeitig die Angst vor dem Raubtier in ihm steckt. Wir können uns also mit dem Jäger wie mit dem Gejagten identifizieren, und man muss nur im Fernsehen einen Tierfilm ansehen, um an sich selbst zu beobachten, wie schnell die Perspektive wechseln kann. Wie man in einer Dokumentation über die Koexistenz von Wölfen und Bisons zum Beispiel mit einer gewissen Rührung sieht, wie hingebungsvoll Wolfseltern mit ihren Jungen spielen, um dann zur Jagd loszuziehen, der Nachwuchs hat schließlich Hunger. Wie die Sympathien in etwa gleich verteilt sind, solange das stundenlange Duell zwischen dem Wolfsrudel und einem mächtigen Bison andauert, an dessen Ende die Wölfe fast ebenso erschöpft sind wie ihre Beute. Wie sie sich aber endgültig zugunsten des Bisons verlagern, als das Rudel beginnt, Stücke aus dessen Seite zu reißen und sie zu fressen, noch bevor er tot ist.[9] Mit den Bildern steigen Gefühle auf, gegen die man sich nur schwer wehren kann: Armer Bison. Grausamer Wolf.

Es wäre nun an der Zeit, beide Seiten zuzulassen. Es liegt eine Chance darin, dass der Wolf es uns nicht einfach macht und sich der Eindeutigkeit entzieht. Die Chance, zu erkennen: Er ist so fremd, so anders, so unfassbar wie die Natur selbst. Nicht grausam und nicht gut, weil solche Kategorien nur für den gelten können, der um sie weiß. Teil einer Welt, deren Gesetze wir nicht gemacht haben, die den Menschen hervorgebracht hat, aber auch ohne ihn weiter bestehen würde. Es macht kleiner, die Welt so zu sehen, es ist eine unbequeme Sicht, und man kann sie nicht jedem abverlangen, schon gar nicht, wenn er gerade vor den Resten seines vom Wolf gerissenen Schafes steht.

Aber sie ist nötig in einer Zeit, die Geologen schon Anthropozän nennen, um den Zeitpunkt zu markieren, an dem der Mensch begonnen hat, den Planeten unwiderruflich zu verändern. Wir sind selbst zu einer Art Naturgewalt geworden, einer ziemlich zerstörerischen. Die Natur ist jetzt in unserer Obhut, der Mensch entscheidet, was von ihr bleibt.

Dass der Wolf zurückgekehrt ist, ist das Ergebnis einer solchen Entscheidung. Dass er uns dabei so unverschämt nahekommt, eine Herausforderung. Es wäre einfacher, man könnte ihm ein Refugium zuweisen, in dem er bleibt, eine Art Zoo ohne Zäune. Die Ordnung bliebe gewahrt: hier der Mensch, da

CATENA

»Jeder Wolf verbeisst sich in den Schwanz des Vordermannes, dann stürzen sie sich der Flut entgegen und bald sind sie ohne Schmerzen und Schaden hinübergeschwommen.« Älians Tiergeschichten, *die um*

200 n. Chr. zu wissen glauben, wie Wölfe Flüsse überqueren, inspirierten Walton Ford zu Catena. *Nur geht es seinen Wölfen offenbar gar nicht darum, das andere Ufer zu erreichen.*

die konservierte, auf Abstand gehaltene Natur. Naturschutz hat im 20. Jahrhundert zumeist bedeutet, solche abgegrenzten Gebiete für Pflanzen und Tiere zu schaffen. Der Wolf aber verweigert sich diesem Konzept. Er läuft einfach weiter. Sein Radius kann sehr groß sein. 2012 wanderte ein besenderter Wolf von Slowenien über die österreichischen Alpen bis nach Italien. Nördlich von Verona gründete er mit einer Wölfin ein Rudel. 2 000 Kilometer, so groß ist kein Nationalpark.

Außerdem braucht der Wolf gar kein Refugium. Er ist auch deswegen eine Erfolgsgeschichte des Artenschutzes, weil er so anpassungsfähig ist. Es reicht ihm, nicht umgebracht zu werden, um sich wieder auszubreiten. Seit den Achtzigerjahren wachsen die Wolfsbestände in Europa und den USA. Tiere zu schützen, heißt, ihnen Lebensraum zu bieten, und es gibt Arten, die da sehr spezifische Bedürfnisse haben. Nicht der Wolf. Für ihn ist Lebensraum da, wo Nahrung ist. Die dicht besiedelten Landschaften Europas mit ihren bewirtschafteten Wäldern und Feldern genügen ihm völlig. Ein Wolf auf einem Truppenübungsplatz in Sachsen ist kein bemitleidenswertes, seines eigentlichen Lebensraums beraubtes Tier. Er lebt ein ebenso echtes Wolfsleben wie ein Exemplar in der arktischen Weite Kanadas. Er stört allerdings eine romantische Idee: dass wahre Natur nur da ist, wo der Mensch nicht ist.

Der amerikanische Umwelthistoriker William Cronon hat das Naturbild des urbanen Menschen von heute kritisiert: dieser wünsche sich unberührte, ursprüngliche Wildnis, die, mitsamt der Tiere, die sie bewohnen, zum Gegenpol eines modernen Lebens werde, das seine Unschuld sowieso unrettbar verloren hat.[10] Ein ahistorischer, autonomer Ort, den wir gelegentlich aufsuchen, um uns reinzuwaschen vom Sündenfall der Zivilisation, den wir selbst verursacht haben. Eine bequeme Haltung, findet Cronon, die den Menschen letztlich der Pflicht enthebt, Verantwortung da zu übernehmen, wo die Zerstörung der Umwelt ihren Anfang nimmt: im eigenen Alltag. Er verlangt, sich von dem Dualismus zu trennen, der Natur- und Kulturraum, natürlich und unnatürlich, pur und vom Menschen befleckt einander unvereinbar gegenüberstellt; weil diese Illusion von Wildnis sie nicht retten, sondern noch mehr beschädigen wird. Auch entlegene Naturreservate sind inzwischen von Fürsorge und Management des Menschen abhängig. Und viel öfter findet sich Natur genau da, wo der einer Idee reiner Wildnis anhängende Mensch sie unbeachtet lässt: in einem Kontinuum aus vom Menschen genutzten und naturbelassenen Räumen. Anstatt jeden Gebrauch von vornherein als Missbrauch zu deklarieren, schreibt Cronon, müssen wir einen Mittelweg finden, müssen rücksichtsvolles Nutzen und Nicht-Nutzen in Balance bringen – und die Natur in unserer Reichweite schätzen lernen. Denn sie ist es, die wir bewahren müssen.

Der Wolf wirkt wie ein Botschafter dieser Mahnung. Indem er unseren Lebensraum auch zu seinem erklärt, verlangt er uns genau so einen Mittelweg ab. Wald, Felder, Stausee, Autobahnbrücke: Die Punkte auf Ilka Reinhardts Computer verteilen sich über Menschenorte, die, wie die Wege des Rudels zeigen, zugleich Wolfsorte sind. Wieder unterläuft der Wolf die Trennung in Zivilisation und Wildnis, doch was ihm einmal zum Verhängnis wurde, eröffnet im 21. Jahrhundert Möglichkeiten. Denn der Wolf hat das Zeug, unseren Blick zu verändern. Er kann zeigen, dass das Erlebnis des Anderen, des Staunens, das wir uns von scheinbar unberührter Natur erhoffen, auch ganz in der Nähe zu haben ist. Es passiert etwas mit einer Landschaft, in der Wölfe leben. Ihre unsichtbare Anwesenheit ist wie eine leise Melodie, die die Stimmung verändert. Indem sie ihre Fremdheit und Ungreifbarkeit in den Wald unserer Spaziergänge tragen, machen sie aus ihm einen reicheren, geheimnisvolleren Ort. Einen, der den Menschen spüren lässt, dass hier eine größere Ordnung gilt als die, die er zu seinem Vorteil geschaffen hat; eine, die ihn vom Zentrum an den Rand rückt. Es sieht so aus, als müssten wir dieses Gefühl öfter zulassen, wenn wir eine Zukunft haben wollen. Der Wolf könnte uns dabei helfen.

Portraits

Dafür, dass die Geschichte des Wolfs über so viele Jahrhunderte und auf so vielen Erdteilen eine der Verfolgung durch den Menschen war, ist er noch erstaunlich weit verbreitet. Ursprünglich war er das noch mehr: Der Wolf kann in fast jeder Klimazone leben und in den verschiedensten Lebensräumen, in Flachland und Gebirge, in Steppen und Wäldern, in Taiga und Tundra. Er hat sich den jeweiligen Bedingungen einfach angepasst, auch äußerlich. Es gibt hagere kurzhaarige Wölfe und mächtige mit mähnenhaftem Fell, es gibt 13 Kilo leichte und fast 80 Kilogramm schwere, es gibt weiße, schwarze, graue, braune und alle Schattierungen dazwischen.

Sind die morphologischen und genetischen Unterschiede zwischen den Tieren einzelner Regionen groß genug, gelten sie als eigene Unterart – da diese Grenzen aber oft fließend sind, ist die Frage, wie viele Wolfsunterarten es nun eigentlich gibt, wohl noch lange nicht geklärt. Einige Taxonomen gehen von gut dreißig aus, andere zählen deutlich weniger. Auch die Wölfe auf den folgenden Seiten sind nicht von allen Wissenschaftlern als eigene Unterarten anerkannt, aber sie geben einen Eindruck von der Anpassungsfähigkeit des Wolfs. Es gibt nur ein anderes Säugetier, das den Planeten mit gleicher Beharrlichkeit erobert hat wie er, das ist der Mensch.

Eurasischer Grauwolf
Canis lupus lupus

Eurasian Wolf

Loup gris commun

Weil an ihm die ganze Art erstmals beschrieben wurde, ist dem Eurasischen Grauwolf die sogenannte Nominatform zugefallen: *Canis lupus lupus,* was den Eindruck erweckt, dies sei der wahre Wolf, während alle anderen Unterarten Abweichungen darstellen. Das stimmt natürlich nicht, aber für Europäer ist, genau wie vor über 250 Jahren für Carl von Linné, dieser Wolf der heimische Repräsentant. Alle auf dem Kontinent vorkommenden Wölfe sind Eurasische Grauwölfe, mit Ausnahme des Italienischen Wolfs. Ihr ursprüngliches Verbreitungsgebiet war aber noch viel größer: Es reichte über Russland bis China, auch in Korea und dem Gebiet des Himalaja gab es den 30 bis 50 Kilo schweren Typus, erkennbar an den hellen Partien seitlich des Fangs, an den Innenseiten der Ohren und an Beinen und Bauch, die mit dem restlichen graubraunen Fell kontrastieren.

Die ab dem frühen Mittelalter mit Nachdruck betriebene Jagd auf Wölfe sorgte dafür, dass der Eurasische Grauwolf verschwand: am schnellsten Anfang des 16. Jahrhunderts aus England, dann ging es Land für Land weiter. In Zentraleuropa gab es ihn seit dem 19. Jahrhundert kaum noch, auf der Iberischen Halbinsel und in Italien überlebten ein paar Exemplare, ansonsten hat die Unterart vor allem in Russland und einigen osteuropäischen Ländern die wolfsfeindlichen Zeiten überdauert. Von dort besiedelt sie nun, da Wölfe in vielen Ländern unter Schutz gestellt sind, ihre früheren Lebensräume. Der Eurasische Grauwolf lebt nun wieder in den meisten europäischen Ländern.

Italienischer Wolf
Canis lupus italicus

Italian Wolf

Loup d'Italie

Sie sind so auffällig kleiner als die Wölfe im Rest Europas, dass die Wölfe auf der italienischen Halbinsel als eigene Unterart gelten, manchen sogar als eigene Art. Der Italienische Wolf mit der charakteristischen schwarzen Färbung an den Vorderläufen und dem graubraunen Fell stand kurz vor der Ausrottung, als sich die Wissenschaftler Erik Zimen und Luigi Boitani in den Siebzigerjahren in den Abruzzen auf die Suche nach den verbleibenden Exemplaren machten. Mithilfe der damals noch jungen Technik der Telemetrie, also Sendern, mit denen man kurzzeitig betäubte Wölfe versieht, stellten sie Erstaunliches fest: Die letzten Italienischen Wölfe hatten sich dem Tagesrhythmus der Menschen in den Bergdörfern so gut angepasst, dass sie in deren unmittelbarer Nähe lebten und doch fast nie gesehen wurden. Im Sommer, wenn Ausflügler die Berge besuchten, zogen sie sich in höhere Regionen zurück. Im Winter, wenn wenige Menschen unterwegs waren, liefen sie auf den vom Schnee befreiten Landstraßen. Nachts suchten sie in den Dörfern nach Essbarem, rissen aber auch Schafe. Etwa hundert Italienische Wölfe gab es noch, sie wurden unter Schutz gestellt, Wildtiere wieder eingebürgert.

Inzwischen leben entlang des 1500 Kilometer langen Apennin wieder Wölfe und auch in den italienischen Alpen. Jungtiere wandern gelegentlich nach Frankreich und in die Schweiz. Die Population hat sich erholt – nun wird erforscht, wie sehr sie durch Paarungen von Wölfen mit streunenden Hunden beeinflusst wird. Davon gibt es viele in Italien.

Steppenwolf
Canis lupus campestris

Steppe Wolf

Loup des Steppes

»An dem Tier selbst, das so viel Neugier erregte, war durchaus nichts Auffallendes wahrzunehmen. Es sah genau so aus, wie eben der Steppenwolf, lupus campestris, aussehen muss.« Wie von einem guten Bekannten spricht Hermann Hesse vom Steppenwolf, dabei handelt es sich beim *Canis lupus campestris* um eine der am wenigsten erforschten Unterarten – und, hätte Hesse 1927 nicht ebenjenes Tier in seinem Roman *Der Steppenwolf* zum zweiten Ich seines unglücklichen Protagonisten Harry Haller gemacht, in unseren Breiten hätte wahrscheinlich kaum jemand je von ihm gehört.

Hesses Wolf ist natürlich mehr Idee als echtes Tier – er muss die Eigenschaften liefern, die Harry, so glaubt dieser, ein zufriedenes und herkömmliches Menschenleben unmöglich machen: Triebhaftigkeit, Freiheitsdrang, Unangepasstheit. Das Bild der unendlichen Steppe, durch die dieser unruhige Geist streift, verstärkt noch die Aura von Einsamkeit und Unbehaustheit, die Hesses Protagonist kultiviert.

Tatsächlich ist *Canis lupus campestris* ein Bewohner der zentralasiatischen Steppe, wo er, wie alle Wölfe auf dem Gebiet der früheren Sowjetunion, keinen Schutz genießt. Rötlich-braun wie die flache Graslandschaft, in der er lebt, gehört er zu den kleineren, kurzhaarigeren Wolfsarten. Er jagt andere Steppenbewohner wie die Saiga-Antilope und, am Kaspischen Meer, zuweilen auch die nur dort vorkommende Kaspische Robbe.

Russischer Wolf
Canis lupus communis

Russian Wolf

Loup de Russie

Die Meldungen, die zu Beginn des 21. Jahrhunderts aus Sibirien kommen, erinnern an die Vereinigten Staaten hundert Jahre zuvor: Bürgermeister kleiner Orte rufen zur gemeinsamen Wolfsjagd auf, die Prämien je Wolfspelz werden erhöht – auf über 500 Euro, wird kolportiert –, und der Mann, der die meisten Tiere schießt, bekommt noch eine Belohnung obendrauf: ein Schneemobil. In Dörfern organisierte Wolfsjagden haben in Russland eine lange Tradition, und unter den Räubern, die sich in den Orten im nordöstlichen Sibirien zuweilen an den Rentieren und Pferden bedienen, finden sich vermutlich hauptsächlich Russische Wölfe und halten die jahrhundertealte Abneigung wach. Über diese Unterart ist nicht viel bekannt, sogar über ihr Verbreitungsgebiet ist man sich nicht ganz sicher. Sie kam früher in ganz Sibirien und in weiten Teilen Osteuropas vor, jetzt noch im Ural und in Teilen Sibiriens – falls es sich nicht um Tundrawölfe handelt, die den Russischen Wölfen ähneln. In Russland und den anderen früher zur Sowjetunion gehörenden Ländern bedeutet Wolfsmanagement weiterhin, dass man möglichst viele Tiere zu töten versucht. Wo ihnen der Mensch zu gefährlich wird, wandern die Tiere seit jeher in andere Gebiete, ziehen sich in unwegsame Gegenden zurück. So auch der Russische Wolf, der in den Ural ausweicht, jenes über 2 000 Kilometer lange Gebirge, das den europäischen Teil Russlands vom asiatischen Teil trennt. Nicht von ungefähr heißt es in einem russischen Sprichwort: »Seine Füße ernähren den Wolf«.

Tundrawolf
Canis lupus albus

Tundra Wolf

Loup de Sibérie

Der Tundrawolf werde vor allem wegen seines Pelzes geschätzt, sprich: gejagt, berichtete der schottische Arzt und Zoologe Robert Kerr, der ihn 1792 als Erster beschrieb. Das kann man verstehen, sieht sein Fell doch so flauschig aus, dass man hineingreifen möchte. Das liegt nicht nur daran, dass seine meist silbrig-grauen Haare länger sind als die anderer Wölfe, er hat auch mehr davon. Pro Quadratzentimeter wurden über 6 000 Stück gezählt, doppelt so viele wie bei weiter südlich lebenden Unterarten. So ein wärmeisolierendes Fell hat auch den Vorteil, dass man sich zum Ruhen, was Wölfe ausgiebig tun, keine schneefreie Stelle suchen muss, sondern sich überall ausstrecken kann.

Der Tundrawolf ist, wie der Polarwolf, auf ein Leben in eisigen Weiten eingestellt. Sein riesiges, dünn besiedeltes Verbreitungsgebiet, das von Nordrussland über ganz Sibirien bis an die Pazifikküste reicht, hat ihn einerseits geschützt. Andererseits macht ihn die baumlose Endlosigkeit von Tundra und Taiga zum leichten Ziel von Jägern, die aus Flugzeugen schießen. Wie alle Wölfe wird der sehr große, bis zu 80 Kilo schwere Tundrawolf, der sich vor allem von Rentieren, Hirschen und Elchen ernährt, in Russland legal gejagt. Die Jagd war in den vergangenen Jahrzehnten so exzessiv, dass Tundrawölfe in weiter südliche Gebiete abgewandert sind, wo sie sich mit Eurasischen Grauwölfen vermischt haben.

Indischer Wolf
Canis lupus pallipes

Indian Wolf

Loup des Indes

Hätte es sie gegeben, wären sie klein und hager gewesen, die Wölfe, die den Jungen Mowgli aufzogen, mit langen Schnauzen und übergroß erscheinenden Ohren – denn Rudyard Kiplings *Dschungelbuch* spielt in Indien, dem Lebensraum von *Canis lupus pallipes,* dem Indischen Wolf. Die Frage, ob Wölfe tatsächlich gelegentlich Menschenbabys gesäugt und ins Rudel aufgenommen haben, wird immer noch diskutiert. Berichte über solche Fälle, die auch Kipling für seinen Roman inspiriert haben, gibt es in Indien bis ins 20. Jahrhundert hinein. Die Wissenschaft hat längst eine Antwort gefunden, sie lautet: Nein, Wölfe adoptieren keine Kinder.

Indische Wölfe leben auch nicht im Dschungel, wie bei Kipling, sie ziehen die semiariden Zonen des Subkontinents vor. Wenn es dort im Sommer weit über 40 Grad heiß wird, verliert der Indische Wolf die Unterwolle seines sandfarbenen Fells, was ihn dürr und langbeinig erscheinen lässt. Wegen seiner vergleichsweise geringen Größe kann er sich mit kleineren Beutetieren wie Gazellen oder Nagetieren begnügen.

Es gibt noch zwei- bis dreitausend Indische Wölfe, die vereinzelt auch in Israel, dem Iran und der Türkei vorkommen. Da die natürliche Beute in Indien immer weniger wird, greifen viele auf die Viehbestände der Bauern zurück. Die reagieren mit Gift oder räuchern Wurfhöhlen aus. Dass es in Indien jedoch überhaupt noch Wölfe gibt, liegt nicht nur daran, dass sie seit 1972 geschützt sind, sondern auch an der kulturell und religiös bedingten Toleranz der Menschen.

Timberwolf
Canis lupus lycaon

Eastern Wolf
Loup de L'Est

Am Timberwolf lässt sich gut zeigen, dass der Versuch, Tiere in Arten und Unterarten einzuteilen, ein komplexes und nie abgeschlossenes Vorhaben ist. Seit Jahren beschäftigt Wissenschaftler die Frage, ob er nicht eher als eine eigene Art gelten muss: *Canis lycaon*. Genetische Unterschiede zu anderen Wölfen weisen darauf hin, dazu kommen weitere Eigenheiten. Unbestritten ist etwa die nahe Verwandtschaft des Timberwolfs mit dem Kojoten – einem kleineren Verwandten aus der Familie der Kaniden, mit dem er sich gelegentlich paart, während Begegnungen mit anderen Wölfen Nordamerikas für Kojoten für gewöhnlich tödlich enden. Vermutlich gibt es einen gemeinsamen Vorfahren, aus dem sich auf dem nordamerikanischen Kontinent der um die 30 Kilo schwere und in vielen Färbungen vorkommende Timberwolf entwickelt hat – während *Canis lupus* aus Eurasien stammt und nach Nordamerika eingewandert ist. Unterschiedliche Beutevorlieben – der eher kleinere, in Wäldern lebende Timberwolf bevorzugt Hirsche, andere nordamerikanische Wölfe Elche und Karibus – könnten dafür gesorgt haben, dass die Populationen weitgehend getrennt geblieben sind. Es sieht so aus, als habe Charles Darwin einmal mehr recht gehabt. In *Über die Entstehung der Arten* schrieb er, dass »zwei Varietäten des Wolfes die Catskill-Berge in den Vereinigten Staaten bewohnen, die eine von leichter windhundartiger Form, welche Hirsche jagt, die andere plumper mit kürzeren Füssen, welche häufiger Schafherden angreift«.

Büffelwolf
Canis lupus nubilus

Great Plains Wolf

Loup des Plaines

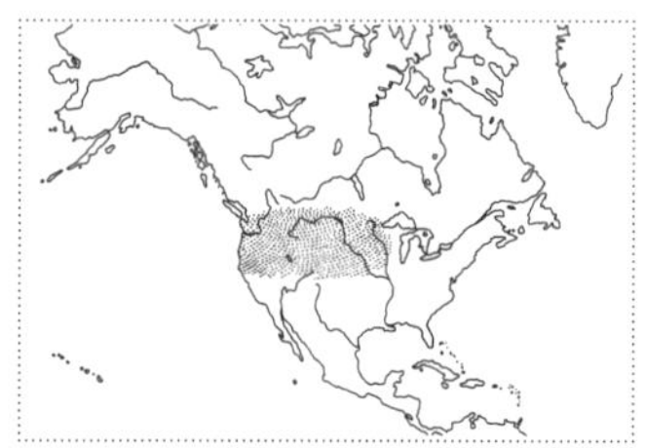

Die Expedition ins unbekannte Terrain des amerikanischen Westens war seit zwei Monaten unterwegs, als William Clark am 20. Juli 1804 in seinem Tagebuch notierte, dass er in der Prärie von Nebraska einen »immens großen gelben Wolf« erschossen habe. Der 33-jährige Clark, zusammen mit Meriwether Lewis Leiter der insgesamt zwei Jahre dauernden Erkundungstour, war an dem Tag eigentlich auf der Suche nach Elchen, nachdem er aber keinem begegnet war, musste anscheinend der Wolf herhalten. Die Tagebücher von Lewis und Clark, die in stilblütenreichem Telegrammstil die berühmte Expedition dokumentieren, stellen wahrscheinlich die erste schriftliche Erwähnung des Büffelwolfs dar. Es gab immer wieder Begegnungen mit den Tieren, was nicht erstaunlich ist: Unzählige Exemplare muss es in den Prärien östlich der Rocky Mountains gegeben haben, wo sie sich mühelos von den nicht minder zahlreich vorkommenden Bisons ernährten. Keine andere Unterart hatte auf dem Gebiet der Vereinigten Staaten ein so großes Verbreitungsgebiet. Ab 1850 ging es ihr dann an den Kragen. Der Westen wurde erobert, Eisenbahnschienen gelegt, die Bisons fast ausgerottet und der Büffelwolf auch.

In den Sechzigerjahren waren noch etwa siebenhundert Tiere übrig, die in schwer zugänglichen Regionen des östlichen Minnesota einen Rückzugsort gefunden hatten. 1974 wurde *Canis lupus nubilus* unter Schutz gestellt, heute gibt es in der Region der Great Lakes wieder mehrere Tausend Tiere.

Mackenzie Valley Wolf
Canis lupus occidentalis

Northwestern Wolf

Loup du Canada

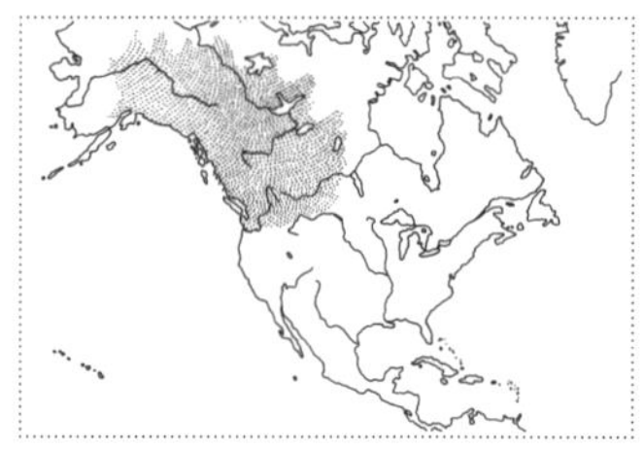

Im Januar 1995 rollte ein Anhänger mit Aluminiumkisten in den Yellowstone Nationalpark in Wyoming. In den Kisten waren 14 Mackenzie Valley Wölfe, die man in den kanadischen Rocky Mountains gefangen hatte und die dafür sorgen sollten, dass im ältesten Nationalpark der USA wieder Wölfe leben. Die letzten Exemplare, die dort 1926 erschossen worden waren, hatten einer anderen, kleineren Unterart angehört. Doch der Mensch hat sie für immer zum Verschwinden gebracht.

Es war ein aufwendiges und umstrittenes Projekt, nach siebzig Jahren ein Raubtier wieder anzusiedeln. Es kamen noch mehr Aluminiumkisten an, insgesamt 32 Wölfe wurden nach Yellowstone gebracht. Heute leben über dreihundert Tiere in dem Gebiet, das als der weltweit beste Ort gilt, um Wölfe zu beobachten.

Alle Tiere dort sind Mackenzie Valley Wölfe, die eigentlich in den westlichen Territorien Kanadas zuhause sind, bis hinauf nach Alaska. Als Erster beschrieb sie 1829 der Naturforscher und Chirurg Sir John Richardson, der die zwei berühmten Franklin-Expeditionen zur Entdeckung der Nordwestpassage begleitet hatte und die Tiere dort sah. Mit dem längeren weichen Fell, der dickeren Schnauze, dem runderen Kopf, der von Weiß bis Schwarz changierenden Farbe und dem buschigen Schwanz ähnele *Canis lupus occidentalis* eher den Hunden der Eskimos als den Wölfen in Europa, fand Richardson.

Polarwolf
Canis lupus arctos

Arctic Wolf

Loup Arctique

Wo es den Menschen zu unwirtlich wird, beginnt das Reich der Polarwölfe. Die Forscher, die sich auf ihre Spuren in der kanadischen Arktis und an Grönlands Küste begeben haben, beschreiben sie als ungewöhnlich zutraulich und neugierig. David Mech, US-amerikanischer Doyen der Wolfsforschung, der mehrere Sommer Seite an Seite mit einem Rudel lebte, erzählt, wie die Tiere sein Zelt inspizierten und ein Welpe mit den Zähnen seine Schuhbänder aufzog. Wenn es Winter wurde in der Arktis, packte Mech sein Lager zusammen, denn in fast fünf Monate währender Dunkelheit und bei Temperaturen von -50 Grad Celsius lässt es sich nicht gut forschen.

Der Polarwolf ist dagegen bestens angepasst an die rauen Bedingungen: Sein Fell, weiß wie die Eisfelder, auf denen er lebt, hat zwei Schichten – die untere wollig und wärmend, die obere lang und wasserdicht. Um dem Wind wenig Angriffsfläche zu bieten, sind Beine und Schnauze kürzer als bei anderen Unterarten, die Ohren sind klein und rund. Da der Polarwolf in weitgehend menschenleeren Gebieten lebt, wurde er auch nicht verfolgt, nur die Inuit schießen ihn manchmal wegen des Fells. In Bedrängnis ist er dennoch: Der Klimawandel verändert die Arktis, es gibt weniger Schneehasen, Karibus, Moschusochsen, also weniger Beutetiere für den Polarwolf. Um in den kargen Weiten satt zu werden und den Nachwuchs durchzubringen, haben dessen Reviere ohnehin schon enorme Ausmaße, sie reichen bis zu 1600 Quadratkilometer weit. Das könnte bald nicht mehr genügen.

Mexikanischer Wolf
Canis lupus baileyi

Mexican Wolf

Loup du Mexique

Mit der gleichen Energie, mit der der Mensch Tiere verfolgt, kann er sich um ihre Rettung bemühen, der Mexikanische Wolf ist dafür ein Beispiel. Er ist zu einem der seltensten Säugetiere geworden, um die 400 Exemplare gibt es noch weltweit. Die meisten leben in Gefangenschaft, auch die Pianistin Hélène Grimaud hat sich in ihrem Wolfszentrum im Staat New York der Rettung des Mexikanischen Wolfs verschrieben.

Hätte man in den Siebzigerjahren nicht begonnen zu handeln – *El lobo,* wie er auch genannt wird, wäre heute wohl ausgestorben. Aus den USA, wo er ursprünglich in Arizona, im Westen von Texas und im südlichen New Mexico lebte, war er schon verschwunden, im Nachbarstaat Mexiko schien es noch einige letzte Exemplare zu geben. Man beauftragte einen Trapper, dem es in drei Jahren gelang, dort fünf Mexikanische Wölfe zu fangen. Mit ihnen wurde in den USA ein Zuchtprogramm begründet. 1998 wilderte man die ersten Tiere in Arizona und New Mexico aus. Hundert Exemplare leben dort jetzt wieder. Diese am südlichsten lebende und kleinste Unterart des amerikanischen Kontinents unterscheidet sich genetisch deutlich von den weiter nördlich beheimateten Nachbarn. Wegen der Wüsten, die als natürliche Grenzen fungieren, mischten sich die Populationen offenbar nicht.

In dem Land, nach dem der Mexikanische Wolf benannt ist, gibt es ihn heute nicht mehr. Die fünf in Mexiko gefangenen Tiere waren offensichtlich tatsächlich die letzten.

Anmerkungen

Du wirst dem Lande nicht mehr schaden. *Ein Tier wird zum Verschwinden gebracht*

1 Vgl. *Hoyerswerdaer Kreisblatt* vom 1. März 1904.
2 Zitiert aus der deutschen Übersetzung von 1669: Conrad Gesner: *Allgemeines Thierbuch,* nachgedruckt in: Conrad Gesner: *Von den Hunden und dem Wolff,* Berlin 2008, S. 41.
3 Ebd., S. 48.
4 Siehe Keith Thomas: *Man and the Natural World. Changing attitudes in England 1500–1800,* London 1984, S. 210.
5 Conrad Gesner: *Von den Hunden,* a. a. O., S. 49.
6 John Bulwer: *Anthropometamorphosis: Man transform'd. Or, The Artificial Changeling,* Bd. 4, London 1653.
7 Keith Thomas: *Man and the Natural World,* a. a. O., S. 173 ff.
8 Jeremy Bentham: *An introduction to the principles of morals and legislation,* London 1828, S. 236.
9 Friedrich von Tschudi: *Das Thierleben der Alpenwelt,* Leipzig 1875, S. 378.
10 Edward Johnson: *Johnson's Wonder Working Providence,* 1682–1651, New York 1910 [Nachdruck], S. 71.
11 Siehe Lee Alan Dugatkin: *Mister Jefferson and the Giant Moose,* Chicago 2009.

Fürchte und fliehe den Wolf. *Wie ein Tier böse wurde*

1 Angela Carter: »Die Gesellschaft der Wölfe«, in dies.: *Blaubarts Zimmer,* Reinbek bei Hamburg 1985.
2 Die Entstehung des Märchens aus einer mündlich überlieferten Geschichte, in der ein Werwolf vorkommt, hat Marianne Rumpf hergeleitet in ihrer Dissertation von 1951: *Rotkäppchen: Eine vergleichende Märchenuntersuchung.*
3 Angela Carter, a. a. O., S. 179.
4 Heinrich Kramer (Institoris): *Der Hexenhammer. Malleus Maleficarum, kommentierte Neuübersetzung,* München 2000, S. 428 ff.
5 Ebd., S. 277.

6 Zitiert nach Charlotte F. Otten: *A Lycanthropy Reader. Werewolves in Western Culture,* New York 1986, S. 53.
7 Henri Boguet: *On the Metamorphosis of men into beasts,* zitiert nach Charlotte F. Otten, a. a. O., S. 85.
8 Beschreibung der Prozesse nach Rolf Schulte: *Hexenmeister. Die Verfolgung von Männern im Rahmen der Hexenverfolgung von 1530–1730 im Alten Reich,* Bern u. a. 2001, S. 24 ff.
9 Siehe Homayun Sidky: *Witchcraft, Lycanthropy, Drugs and Disease. An Anthropological Study oft he European Witch-Hunts,* New York 1997, S. 244 ff.
10 Zitiert nach Rolf Schulte, a. a. O., S. 24.
11 Abschiedsrede des Paulus an die Ältesten von Ephesus, Apg 20.29 f.
12 Bergpredigt, Mt 7.15.
13 Ovid: *Metamorphosen,* Erstes Buch, Vers 233–239.
14 Joseph Vogl und Ethel Matala de Mazza: »Bürger und Wölfe. Versuch über politische Zoologie«, in: Christian Geulen et al.: *Vom Sinn der Feindschaft,* Berlin 2002, S. 207–217.
15 Siehe Mircea Eliade: »Die Daker und die Wölfe«, in: ders.: *Von Zalmoxis zu Dschingis-Khan,* Frankfurt am Main 1970, S. 11–29.
16 Joseph Goebbels im Radiosender *Werwolf* am 1. April 1945.

Mit Anfa im Garten.
Der Wolf und die Wissenschaft

1 Nikolaas Tinbergen: *Instinktlehre. Vergleichende Erforschung angeborenen Verhaltens,* Berlin und Hamburg 1964, S. 1.
2 Zitate aus Adolph Murie: *The Wolves of Mount McKinley,* Washington 1944.
3 David Mech: »Alpha Status, Dominance and Division of Labor in Wolf Packs«, in: *Canadian Journal of Zoology* 77 (1999), S. 1196–1203.
4 Erik Zimen: *Der Wolf. Mythos und Verhalten,* Frankfurt am Main 1980, S. 77 f.
5 Ebd., S. 90 f.

Niemanden hasst der Hund so wie den Wolf.
Von nahen Verwandten

1 Zitiert nach Earle Labour: *Jack London. An American Life,* New York 2013, S. 173.
2 Jack London: *Der Ruf der Wildnis,* München 2013, S. 128.
3 Ebd., S. 117.
4 Conrad Gesner: *Von den Hunden,* a. a. O., S. 45.
5 Brehms Zitate zum Wolf aus Alfred Edmund Brehm: *Brehms Thierleben. Allgemeine Kunde des Thierreichs,* Band 1, Leipzig 1883, S. 526–543.
6 Max von Stephanitz-Grafrath: *Der deutsche Schäferhund in Wort und Bild,* München 1911, S. 9.
7 Ebd., S. 14.
8 Erik Zimen über seine PuWo-Studien, in: ders.: *Der Wolf,* a. a. O., S. 11–36.
9 Ders.: *Der Hund. Abstammung, Verhalten, Mensch und Hund,* München 1992, S. 233.
10 Konrad Lorenz: »Durch Domestikation verursachte Störungen arteigenen Verhaltens«, in: *Zeitschrift für angewandte Psychologie und Charakterkunde* 59 (1940), S. 2–81.
11 Kurt Tucholsky: »Traktat über den Hund sowie über Lerm und Geräusch«, in: ders.: *Gesammelte Werke in 10 Bänden,* Band 5, Reinbek 1975, S. 324 ff.

Der Ruf einer unbekannten und ursprünglichen Kraft.
Vom Drang zum wilden Tier

1 Hélène Grimaud: *Wolfssonate,* München 2006, S. 12 f.
2 Ebd., S. 252.
3 Siehe ein Interview: D. T. Max: »Her Way. A pianist of strong opinions«, in: *New Yorker,* November 2011.
4 Vgl. *www.rowlands.philospot.com,* letzter Zugriff 25. 7. 2016.
5 Mark Rowlands: *Der Philosoph und der Wolf. Was ein wildes Tier uns lehrt,* München 2010, S. 58.
6 Ebd., S. 161.

SMS von der Wölfin.
Zusammenleben mit einem Raubtier

1 Zitiert nach Susan S. Flader: *Thinking like a mountain. Aldo Leopold and the Evolution of an Ecological Attitude towards Deer, Wolves, and Forests,* Columbia / MO 1974, S. 189.
2 Aldo Leopold: »Thinking like a mountain«, in: ders.: *A Sand County Almanac and Sketches Here and There,* Oxford 1949, S. 130.
3 Ebd., S. 129 f.
4 Dieser Gedanke durchzieht Stephen Kellerts Buch *Birthright. People and nature in the Modern World,* Yale 2012.
5 J. D. C. Linnell et al.: *The fear of Wolves. A review of wolf attacks on humans,* Trondheim 2002, online abrufbar unter *www.wwf.de/fileadmin/fm-wwf/Publikationen-PDF/2002.Review.wolf.attacks.pdf,* letzter Zugriff 25. 7. 2016.
6 Der Ökologe Arthur Middleton hat die Irrtümer im Bezug auf einen positiven Effekt der Wolfsrückkehr in der *New York Times* zusammengefasst: »Arthur Middleton: Is the Wolf a Real American Hero?«, in: *New York Times* vom 9. März 2014.
7 Frank L. Miller et al.: »Surplus killing as exemplified by wolf predation on newborn caribou«, in: *Canadian Journal of Zoology* 63 / 2011, S. 295–300.
8 Hans Kruuk: *Hunter and Hunted. Relationships between Carnivores and People,* Cambridge 2002, S. 50 ff.
9 Vgl. die Fernsehdokumentationsserie *Eisige Welten,* Folge 5, »Im Bann der Polarnacht«, dt. Erstausstrahlung im ZDF am 15. Januar 2012.
10 William Cronon: »The Trouble with Wilderness; or, Getting Back to the Wrong Nature«, in: ders.: *Uncommon Ground. Rethinking the Human Place in Nature,* New York 1995, S. 69–90.

Literaturverzeichnis

Luigi Boitani und David L. Mech: ***Wolves. Behaviour, Ecology and Conservation,*** Chicago 2003.

Alfred Brehm: ***Brehms Thierleben. Allgemeine Kunde des Thierreichs,*** Band 1, Leipzig 1883.

Angela Carter: ***Blaubarts Zimmer,*** Reinbek bei Hamburg 1985.

Peter Coates: ***Nature. Western Attitudes since ancient times,*** Berkeley 1998.

Jon T. Coleman: ***Vicious. Wolves and men in America,*** New Haven 2004.

William Cronon: »The Trouble with Wilderness; or, Getting Back to the Wrong Nature«, in: ders.: *Uncommon Ground: Rethinking the Human Place in Nature,* New York 1995, S. 69–90.

Edward A. Goldman und Stanley P. Young: ***The Wolves of North America,*** Washington 1944.

Edward Johnson: ***Johnson's Wonder-working Providence, 1628–1651,*** New York 1910.

Conrad Gesner: ***Allgemeines Tierbuch,*** nachgedruckt in: Conrad Gesner: *Von den Hunden und dem Wolf,* Berlin 2008.

Hélène Grimaud: ***Wolfssonate,*** München 2006.

Jacob und Wilhelm Grimm: ***Kinder- und Hausmärchen,*** Stuttgart 2001.

Kurt Kotrschal: ***Mensch – Wolf – Hund. Die Geschichte einer jahrtausendealten Beziehung,*** Wien 2012.

Heinrich Kramer (Institoris): ***Der Hexenhammer. Malleus Maleficarum. Kommentierte Neuübersetzung,*** München 2000.

Earle Labor: ***Jack London. An American Life,*** New York 2013.

Aldo Leopold: ***A Sand County Almanac and Sketches Here and There,*** Oxford 1949.

John D. C. Linnell et al.: ***The Fear of Wolves. A review of wolf attacks on humans,*** Trondheim 2002.

Jack London: ***Der Ruf der Wildnis,*** München 2013; ***Wolfsblut,*** München 2013.

Barry Lopez: ***Of Wolves and Men,*** New York 1978.

David Mech: ***The Wolf. The Ecology and Behaviour of an Endangered Species,*** New York 1970.

Adolph Murie: ***The Wolves of Mount McKinley,*** Washington 1944.

Charlotte F. Otten: ***A Lycanthropy Reader. Werewolfes in Western Culture,*** New York 1986.

Ovid: ***Metamorphosen,*** Stuttgart 1990.

Charles Perrault: ***Contes de fées. Märchen,*** München 2001.

Clarissa Pincola Estés: ***Die Wolfsfrau. Die Kraft der weiblichen Urinstinkte,*** München 1993.

Mark Rowlands: ***Der Philosoph und der Wolf,*** München 2010.

Marianne Rumpf: ***Rotkäppchen. Eine vergleichende Märchenuntersuchung,*** Göttingen 1951.

Boria Sax: ***Animals in the Third Reich. Pets, Scapegoats and the Holocaust,*** New York 2000.

Rudolf Schenkel: ***Ausdrucksstudien an Wölfen,*** Leiden 1947.

Homayun Sidky: ***Witchcraft, Lycanthropy, Drugs and Disease: An Anthropological Study of the European Witch-Hunts,*** New York 1997.

Max von Stephanitz-Grafrath: ***Der deutsche Schäferhund in Wort und Bild,*** München 1911.

Friedrich von Tschudi: ***Das Thierleben der Alpenwelt,*** Leipzig 1875.

Erik Zimen: ***Der Hund. Abstammung, Verhalten, Mensch und Hund,*** München 1992; ***Der Wolf. Mythos und Verhalten,*** Frankfurt am Main 1980.

Jack Zipes: ***The Trials and Tribulations of Little Red Riding Hood. Versions of the Tale in Sociocultural Context,*** South Hadley 1983.

Abbildungs-verzeichnis

Seite 55 *Arctic Wolf,* The larger North American mammals, Washington 1916.

Seiten 58, 59 *Verfolgen eines Elchs, Zutreiben eines Rehs*, Pauline Altmann nach Zeichnungen von Vladimir Smirin.

Seite 65 *Ankündigung zum Vorabdruck von Jack London: Ruf der Wildnis,* Saturday Evening Post, 1903. Design von Charles Livingston Bull.

Seite 69 *Canis Lupus Linn.*, Vergleichende Naturbeschreibung der Säugethiere, Erlangen 1809.

Seite 74 *Wolf aangevallen door honden,* Abraham Daniëlsz. Hondius, 1672.

Seite 80 *Ein strittiger Fund.* Nach einer Originalzeichnung von F. Specht. Die Gartenlaube, Leipzig 1897.

Seite 87 *Der einsame Wolf,* Alfred Kowalski-Wierusz.

Seite 90 *Red Texan Wolf,* J. J. Audubon: The quadrupeds of North America, New York 1851–54.

Seite 94 *Wolf.* Our living world, Vol. 1, New York 1885.

Seite 99 *La Volpe,* Il gabinetto del giovane naturalista, Milano 1825–26.

Seite 103 *Mondlicht, Wolf,* Frederic Remington, circa 1909.

Seiten 108, 109 *Catena,* Walton Ford, 2012 © Walton Ford.

Seiten 115–135 Illustrationen von Falk Nordmann, Berlin 2016.

Petra Ahne, geboren 1971 in München, studierte Komparatistik, Kunstgeschichte und Publizistik in Berlin und London. Sie ist Redakteurin im Ressort Seite 3/Magazin bei der *Berliner Zeitung*.

NATURKUNDEN № 27
Dritte Auflage Berlin 2022

NATURKUNDEN
herausgegeben von Judith Schalansky
erscheinen bei Matthes & Seitz Berlin
ermöglicht durch Jan Szlovak, Hamburg

EINBAND UND TYPOGRAFIE Pauline Altmann, Berlin
nach einem Entwurf von Judith Schalansky
TITELILLUSTRATION Pauline Altmann, Berlin;
nach *Wolf (Canis lupus)* von F. Specht, 1891
SCHRIFT Ingeborg von Michael Hochleitner/Typejockeys
LITHOGRAFIE Tomas Mrazauskas, Berlin
HERSTELLUNG Hermann Zanier, Berlin
PAPIER 100 g/m² Fly 04 hochweiß, 1,2 faches Volumen
EINBANDMATERIAL Napura® Khepera von
Winter & Company GmbH, Lörrach
DRUCK UND BINDUNG Pustet, Regensburg

ISBN 978-3-95757-333-9

www.naturkunden.de
www.matthes-seitz-berlin.de